Econometrics learned from regression analysis

回帰分析から学ぶ
計量経済学

Excel で読み解く経済のしくみ

山澤成康 著
Nariyasu Yamasawa

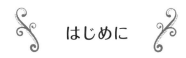

はじめに

　この本を書くきっかけとなったのは、オーム社の津久井取締役からの申し出でしたが、書くべき理由もありました。社会人の統計リテラシーの向上をテーマの1つとした科研費プロジェクトの最終年度で、広く社会人に向けてわかりやすい経済分析の本を書きたかったのです。

　2年間統計委員会担当室長を務めたのをきっかけに、地方自治体を含む統計作成部署の方々と関わることが増えました。そこで気づいたのが、統計作成部署の方々が必ずしも分析に詳しいわけではないということです。統計メーカーに統計ユーザーの気持ちがわかってほしい。そのためには経済分析についてわかりやすい教科書が必要だと思いました。

　また、担当者の多くは文科系で、数学を本格的に学んでいない方が多かったです。私が教えている跡見学園女子大学の学生も文科系です。そこで、極力数式を使わずに、分析の本質がわかるような本が作りたかったです。

　分析例にはサンプル数の少ない仮想例を多用し、具体的な分析内容を実感してもらえるように工夫しました。舞台を魔法の世界にすることで、統計のさまざまな例が説明しやすくなりました。直感的な理解が進むのではないかと思います。

　オーム社の津久井取締役には企画段階から大変お世話になり、おかげで本書の刊行が実現することになりました。また、漫画家の園太デイさん、オフィスsawaの澤田さんには、漫画やストーリー、表紙など私の不得手な分野を補っていただきました。そのおかげで本書の価値はかなり上がったのではないかと思います。

2023年10月

山澤　成康

目 次

第 **1** 章　データを関連づける　　**17**

第 **2** 章　結果をどう評価するか　　**47**

第 **3** 章　式の工夫　　85

第 6 章　機械学習への道　　181

> ・本書で扱うデータについて、実在するデータには出所の記載をしています。
> 　出所 の記載がないものは、筆者作成の仮想値です。

<ruby>Prologue<rt>プロローグ</rt></ruby>

コスプレな私と、
本物の魔法使いさん！

園太デイ◆作画

っ….

ついに…

やっと
完成した〜！

来週の
学園祭で着る
コスプレ衣装っ！

高瀬 さくら
大学２年生

ど、どうしよう

とにかく
一夜漬けでも
勉強しなきゃ…

勉強…
べ、んきょ、う
……

ZZZ……

ぱち…

ん―
ん――…
よく寝た…

のび……

あ……
私 いつの間に
コレ着てたんだろ

…ハッ！！
講義！

試験に
遅刻しちゃう！

……って
あれ？

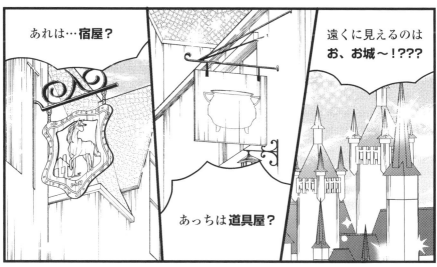

あれは…宿屋？

遠くに見えるのは
お、お城〜！???

あっちは道具屋？

ねえ その服……

あなたも
ひょっとして
魔法使い？

5

ふむ だったら……

【計量経済学】の
魔法って何?

………は?

な、なんか今
現実に浸食された
言葉が聞こえた
ような…

せっかく
楽しい夢を見てたのに
計量経済学なんてー!!

へえ
計量経済学
という
言葉自体は
知ってるようだね

じゃあ
カイキブンセキは?

……全然
わかんない
……

んん?
奇妙な現象だね
あなた本当に
魔法使い?

うぅ…

7

まあ いいや

魔法の流派が
異なるのかもね

私の使える魔法を
少し教えてあげる

計量経済学は
2つの魔法で
成り立っているよ

『原因を解明する魔法』

と

『予測する魔法』

だね

えっと…
「原因はアレだ！って
突き止める魔法」と

「この先、きっとこうなる！
って予測する魔法」
…ということ？

そ、それは
スゴイ…！

そう
それで

原因を解明する魔法

じゃあ　この呪文

$$Y = \alpha + \beta X + u$$

の使い方を紹介するよ

『原因を解明する魔法』
として使うときは

原因 X と
結果 Y を用意して
鍋に入れる

結果
Y

原因
X

β は
どうなる…？

この場合
β は鍋の中の液体で、
この色で判断する

鮮明な色になれば
因果関係がある

無色だったら
関係がないというわけ

$$Y = \alpha + \beta X + u$$

結果　原因

回帰係数

この関数の式が呪文にあたります。この式は、**回帰分析（回帰式）**といいます。
β は「回帰係数」というもので、統計的に有意→鮮明な色、
統計的に有意でない→無色　として例えています。

☆正確には統計的に有意でも因果関係がない場合があります。詳しくは第7章を参照して下さい。

次は『**予測する魔法**』
同じ呪文

$$Y = \alpha + \beta X + u$$

だけど、手順が異なるよ

結果　原因

出てくる！

色のある鍋のなかに
原因Xを入れて
呪文を唱えると…

なんと
結果Yが出てくる！
という魔法なんだ

βはすでに
決まっている

おおっ！
さっきの例えでいうと

原因X＝所得
結果Y＝消費だから…

予測！

所得がわかれば、
「**どのぐらいの
消費になるか？**」を
予測できるわけだね

 所得

消費

出てくる！ 結果　　　　　原因 入れる

$$Y = \alpha + \beta X + u$$

決まっている

予測は、統計的な有意なβを見つけた後、Xを入れると、
回帰式に従って、Yが計算できることを示しています。

そんなわけで
2つの魔法の説明は
ざっとこんな感じ

おしまい、と

すーごい…！
大学の授業では
よくわかって
なかったけど

計量経済学って
なんだか本当に
魔法みたい…

…って、マホナさん
いなくなってるし！！？

待って〜！
私も一緒に行きたい！

そしてもっと
色々教えて〜！！

統計学とはどう違うのか？

ふぅ。マホナさんって結構歩くの速いなぁ。

ところで、データを分析するのは「統計学」っていう学問もあるよね。

今から教えてもらう計量経済学とは、どういうふうに違うんだろ…？

「計量経済学」と「統計学」の大きな違いは 2 つあるよ。

1 つは、呪文が**経済学に関することに限られている**こと。これはある意味では当たり前。

もう 1 つは、魔法に使う X や Y（＝データ）が自然科学と比べて、**質の良いデータだけだとは限らない**ことだよ。

自然のもの（気温や降水量、実験結果など）を使えればいいんだけど、経済学では、基本的に人間の行動を記録したデータを使う。

経済データは、形が不揃いだったり、データの数が少なかったり、場合分けが不十分だったりする。また、**時系列データ**（P.28で解説）が多い。

そのための工夫が、以下のようにさまざまに行われるよ。

> ▶ 時系列分析
> ▶ 操作変数法
> ▶ パネルデータ
> ▶ 系列の自己相関への対応
> ▶ 不均一分散への対応

うわ！ なんだか色々あるんだね～。計量経済学で扱うデータは、質が良くなかったり少し難しかったりするから、色んな工夫が必要、ってわけかな。

うん。データの特性に応じて工夫が必要なため、統計学ではゴールと考えられる**回帰分析**は、計量経済学ではスタートとなる。

さっき最初に教えた呪文が、回帰分析。

あの回帰分析の応用法こそが、計量経済学を特徴づけるものになるんだ。

データサイエンスとの違い

そういえば、データを分析する学問で「データサイエンス」っていうのも、聞いたことあるんだ〜。なんだかカッコイイよね。これは計量経済学とはどう違うの?

データサイエンスは、**「予測の魔法」**を強化したものだよ。
計量経済学では基本的には、回帰分析が中心になるけど、データサイエンスでは呪文の数が増える。次のような呪文だよ。

> ▶ ニューラルネットワーク
> ▶ 決定木
> ▶ サポートベクターマシン

データも経済データにとどまらず、画像や音声など応用範囲が幅広い。
ただ、予測に特化した魔法なので、「原因解明の魔法」としては使えない場合が多いんだよ(予測プロセスがブラックボックス化している場合が多い)。

そっかぁ。データを分析する学問は色々あるけど、対象とする分野や目的が異なっていたり、それぞれ特徴があるんだね。

そういうこと。で、他になにか質問はある?

うん。あのね、マホナっていい名前だよね。さん付けよりも、そのまま呼んだ方が素敵かも。
…ど、どうかな? マホナ。(…ドキドキ…)

別に。どう呼ばれても、私は私だし。構わないよ。

おおっ! ありがとう。私のことは、さくらって呼んでね。
それじゃ、あらためて出発〜!

本書の読み方

　それでは、マホナとさくらと一緒に、計量経済学を学ぶ旅を始めましょう。

　本書は第7章まであり、各章の最初に**マホナたちの会話**があります。この会話は、その章で学ぶ内容の予習となっています。まずは気軽な気持ちで、読んでみてください。

まずは気軽な会話で、予習！

 人間には大量のデータを一度に理解するのは難しいね。それじゃ呪文を教えてあげよう。まずは**ヒストグラム**だよ。
「リンゴの木の本数」を記録した、この**変数 X_i** に向かって唱えてみて。
☆ヒストグラムはギリシャ語で、ヒストスが柱、グラムが記録の意味です。

 じゃあ唱えます。ヒストグラム〜！

　その後には、**文章解説**を設けてあります。こちらの文章解説で、さらに詳しく丁寧に解説します。

文章解説で、しっかり学ぶ

ヒストグラム

　1つのデータを分析する際に便利なのが**ヒストグラム**です。横軸に階級（1つひとつの区間）、縦軸に度数（その範囲にある個体の数）をとったものです。

　例えば「経済学」の試験の得点分布を例にとってみましょう。100点満点の試験で、100人の学生が受けた試験結果の例です。70点より高く80点以下の得点の学生が28人おり、90点より高く100点以下の学生が16人いることを示しています。

　付録（P.249）には、「**Excel の使い方**」を紹介しています。こちらもぜひ、ご確認ください。

第1章

データを関連づける

回帰分析のために、変数を知ろう

 うわ〜、なんだか不思議な森に着いたね！
色々な形をした、光るカプセルみたいなモノが落ちてるよー。

 ここは変数の森。落ちているモノは「**変数**」だよ。
計量経済学では、回帰分析という呪文を使う。回帰分析を学ぶために、まずは変数を知らなきゃいけない。

 ええと、変数って「色んな値に変化する数（またはそれを表す記号）」だよね。
じゃあ、このカプセルの中には、色んな数が入ってるってことかな？

 そうだね。実際に 2 個のカプセルを拾って、2 つの変数… Y_i と X_i について考えてみようか。この近くの村では、希少品種のリンゴの栽培が行われていて、そのリンゴに関するデータが入ってるよ。

変数 Y_i は、過去から現在まで「リンゴの収穫量（個数）」が記録してある。
「1980 年は 554 個、1981 年は 549 個、1982 年は 523 個」のように、ざっと 100 年間分のデータが記録してある。
変数 X_i には、「リンゴの木の本数」が記録してあるね。こちらも同様に 100 年間のデータだ。

ええっ！ 100 年分なんてすごい。記録のタイムカプセルだね。でも、膨大な量の数字の羅列だから、このままではわかりづらいかも…。うーん…。

 ## ✦☆ グラフや代表値で、データを把握する

 人間には大量のデータを一度に理解するのは難しいね。それじゃ呪文を教えてあげよう。まずは**ヒストグラム**だよ。
「リンゴの木の本数」を記録した、この**変数 X_i** に向かって唱えてみて。

☆ヒストグラムはギリシャ語で、ヒストスが柱、グラムが記録の意味です。

 じゃあ唱えます。ヒストグラム〜！

変数 X_i

1980年 554本
1981年 549本
1982年 523本…　木の本数

ヒストグラム！

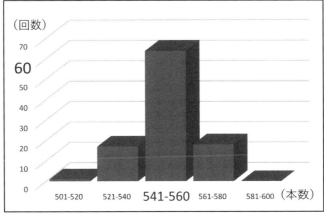

 柱が何本も出てきたでしょ。それぞれの柱の幅は「木の本数の幅」を表していて、高さがその幅に表れるデータの数「100 年間における回数」だよ。
541 本から 560 本リンゴの木があった年は、60 回あったことがわかるね。

19

ほぉー！ ヒストグラムは、数字の羅列をグラフ（図）にしてくれる魔法なんだね。視覚的に、一気にわかりやすくなった！

 グラフの見た目も重要だよ。自然界のデータは、こんなふうに「**平均が最も頻度が高くて、両端に行くと少なくなる**」という場合が多いね。
ほら、あの遠くに見える山の形と同じようでしょ。
ちなみにあの山は、**ノーマル山（正規分布）**という山だよ。

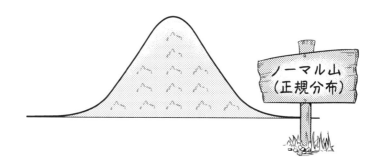

 へぇ〜。あの山にも、いつか行ってみたいなぁ…。

 そして、そのデータの特徴を数値で表せる「**代表値**」も、とても便利だよ。
代表値には、「**平均**」や「**分散**」など、色々なものがある。

 んん…？ 平均は日常会話でも使うけど、分散ってなんだろ…？

 分散は「ばらつき」のことだね。
さっきのリンゴの木の本数で考えてみよう。平均は 550 本ぐらいなのに、極端に少ない本数、または極端に多い本数の年が多ければ、「データにばらつきが多い＝分散が大きい」ということになるんだ。

 ほうほう。グラフにしたときにも、綺麗な山にはならなそうだねぇ。

 平均を知るには「アヴェレージ（AVERAGE）」と唱えて。
分散（ばらつき）を知るには、「ヴァー（VAR）」と唱えればいいよ。

2つのデータの、関係や相性は？

 さて。さっきのヒストグラムは、変数 X_i という1つのデータだけを、グラフにしたものだったね。

でも下図の**散布図**なら、変数 Y_i と変数 X_i の「2つのデータの関係」をグラフにできる。ほら見て。グラフの縦軸が Y、横軸が X のデータを示していて、2つのデータの関係がわかるでしょ。

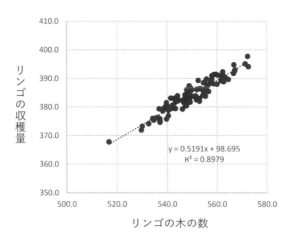

 お〜！ 確かに「リンゴの木の数 X が増えると、リンゴの収穫量 Y が増える」という関係がよーくわかるよ！

 うん。リンゴの「木の数 X」と「収穫量 Y」は、影響し合ってる。

こんなふうに、相互に関係しあうことを「**相関**」といって、2つのデータの相性を示す「**相関係数**」というものもあるんだ。

相関係数は、−1から ＋1までの値をとる。
プラスなら、X が増えたときに Y も増えて、**順相関**とよぶよ。
マイナスなら、X が増えたときに Y が減って、**逆相関**となる。
ゼロは**無相関**、関係なしってことだね。

 なるほど…。もしも X が「台風の数」という変数だったら、X が増えるほど、台風の被害で Y の収穫量が減っちゃいそう。そんなときは、マイナスの逆相関ってわけかぁ。

回帰分析の式を完成させるために

 さあ、ここでちょっと状況を整理してみるよ。
今持ってるのは、2つの変数「リンゴの収穫量 Y_i」と「木の数 X_i」だね。
この2つの変数のデータは、順相関の関係にある。

 うんうん。木の数が増えるほど、収穫量も増えてた。
収穫量が少ないときは、木の数も少ないと考えられるね。

 その通り。その関係は、下図のようだとも言えるね？

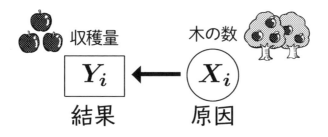

 うん確かに。この図の通り、木の数が収穫量に影響してる感じ。
…って、アレ？「原因」と「結果」って、なんか聞き覚えが… （P.9参照）

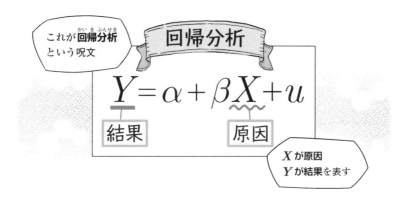

 思い出したー！ こういうの出会ったときに教えてもらったよね！？
確か…、**回帰分析（回帰式）**！

そう。回帰分析は、こういった**複数の変数に関係をつける**ことができるんだ。まるで魔法のように、1つの関係式にしてしまう。この式さえ完成すれば、予測することができるよ。

「木の数が〇〇本のとき、収穫量は何個になるのか?」ということをね。

そんなわけで、いよいよ回帰分析に取り組んでいくよ。

基本の式の形は、これ。さっきの式と意味は全く同じ。

$$Y_i = \alpha + \beta X_i + u_i$$

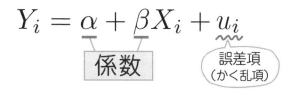

係数　　　　　　誤差項（かく乱項）

んーと、誤差の項はとりあえず無視するとして…。

係数は、変数じゃなくて定数（決まった数）だよね。中学生のときに習った気がする。

つまり、この式を完成させるためには、**αとβの値を求め**なきゃいけないんだろうけど…。うーん、でもそんなのどうやったらいいんだろう?

見当もつかないよ〜!

まあ魔女の私には、これらの値も魔力でお見通しだけど。

しがない人間は、限られた**データX_iとY_iから、αとβを推定する**必要があるんだ。

ちなみに、αの**推定値**（推定した値）は$\hat{\alpha}$、βの推定値は$\hat{\beta}$という記号で表すよ。推定値$\hat{\alpha}$は「アルファハット」と読めばいい。

うわーん。それじゃ、その推定する方法とやらを早く教えてよ〜!

はいはい。もっとも簡単な呪文は「**タンカイキ（単回帰）**」だよ。

まずは呪文を唱えてごらん。

じゃあ唱えてみます。タンカイキ〜！

$$Y_i = \alpha + \beta X_i + u_i$$

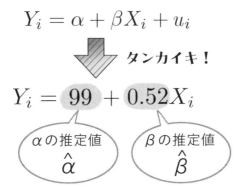

タンカイキ！

$$Y_i = \boxed{99} + \boxed{0.52} X_i$$

α の推定値
$\hat{\alpha}$

β の推定値
$\hat{\beta}$

 わ、式ができた！ α の推定値 $\hat{\alpha}$ は 99、β の推定値 $\hat{\beta}$ は 0.52 になったね。
係数の値がわかって、ばんざーい！

 うん。ただ、ここでちょっと注意点が 1 つ。
少しややこしいけど、この呪文は「最小二乗法」という手法を使っていて、
出てきた係数は「確率変数」というもの。これは**誤差を伴う**んだ。
出てきた値は平均値で、誤差の分だけ幅をもってみる必要があるということ
だよ。

実は、私の魔力でわかる真の値は、α が 100、β は 0.5 なんだ。
やはり誤差があるよね。こんなふうに、真の値からズレる可能性があること
を意識して欲しい。

 ん〜。完璧にピッタリの値ってわけじゃないんだねぇ…。そのことを心に留
めておくべし！ と。了解です。

 さて、次は**説明変数が 2 つ**の場合について、考えていこう。

 せ、せつめいへんすう…？ それって初めましてのキーワードかも。
ぜひどうか、ご説明を…！

ああ、意味は簡単だよ。下図のように、原因となる変数のことを**説明変数**、結果となる変数のことを**被説明変数**というんだ。

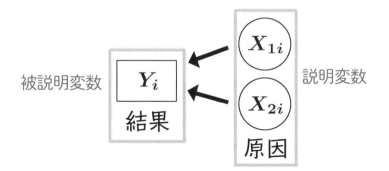

被説明変数　Y_i　結果

説明変数　X_{1i}　X_{2i}　原因

 ふむふむ。リンゴの例えでいうと、原因は「木の数」以外にも、「天候」とか色んな原因がありそうだもんね。

 説明変数が2つの場合、回帰分析の式も呪文も、さっきとは少し違ってくる。こちらの式に「**ジュウカイキ（重回帰）**」と唱えてみて。

 コホン。えっと、ジュウカイキ〜！ おおっと、式ができた！考え方そのものは、同じなんだね。

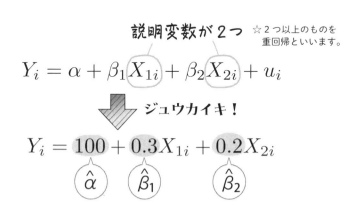

説明変数が2つ　☆2つ以上のものを重回帰といいます。

$$Y_i = \alpha + \beta_1 X_{1i} + \beta_2 X_{2i} + u_i$$

ジュウカイキ！

$$Y_i = 100 + 0.3 X_{1i} + 0.2 X_{2i}$$

$\hat{\alpha}$　$\hat{\beta_1}$　$\hat{\beta_2}$

そういうこと。これらの「タンカイキ」と「ジュウカイキ」の呪文で、**予測**や**検定**など、色々なことができるようになるよ。

☆検定とは、データを解析して、判断したり結論を導き出すことです。P.54 で解説します。

単回帰分析の式を使って、予測してみよう

さっき、タンカイキの呪文で、「単回帰分析の式」を得ることができたね。
こうして式が完成すれば、「木の数が○○本のとき、収穫量は何個になるのか？」という**予測**をすることができるよ。

おお～！ じゃあ、木の数が 550 本のときの収穫量を予測してみようよ。

それなら、550 を単回帰分析の式の X_i に入れてみて。

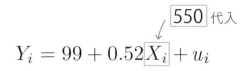

$$Y_i = 99 + 0.52 X_i + u_i$$

550 代入

うーんと、最後の u_i はどうするのかなぁ…。

u_i は、平均するとゼロだから、予測ではゼロとしておいていいと思うよ。

だったら計算は簡単～。99 + 0.52 × 100 = 375 だよね。リンゴの木の数が
550 本のとき、リンゴは 375 個収穫できるってこと？
こんなに具体的に収穫量が予測できるなんて、すごい！

これが予測の原理だよ。式ができたら、そこに新たな X_i のデータを入れると
Y_i が予測できるという仕組みだ。

決定係数で、当てはまりの良し悪しがわかる

ところで、ふと思ったことなんだけど…。
回帰分析の式って、係数（推定値）に「勘でテキトーな数値」を入れても、
なんとなく「それっぽい式」になりそうじゃない？ ほら見て～！

テキトーな数

$$Y_i = 2 + 0.3\,X_i + u_i$$

 大胆なことをするね…。まあ、一応できたけど、それが使えるかどうかを調べないとね。まずは、「**決定係数**」というものが重要だよ。

決定係数は 0 から 1 までの間の値をとって、1 が最も当てはまりがいいんだ。決定係数が 0.99 なら下のグラフみたいになる。

X_i から計算した値が「点線」で、Y_i の値が「小さな黒丸」だよ。

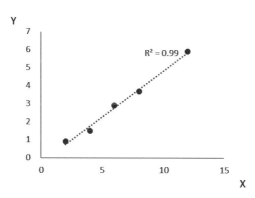

 点線と、黒丸が、ほぼ一致しているね。

 そうだね、決定係数が 0.9 以上あると、かなり当てはまりの良い式になるね。つまり、予測の精度が高い式だということ。

ちなみに、さっきの「それっぽい式」の決定係数を調べたら 0.5 だったよ。

 ううぅ…。0.5 じゃダメっぽいね…。

 まあ、予測に使うには厳しいけど、係数の検定とか他の目的の場合は決定係数に重きを置かないこともあるよ。

当てはまりの良し悪しと、係数の良し悪しは違うんだ。さっきの「それっぽい式」を見て。0.3 という数字が統計的に有意であれば、X_i から Y_i への影響は確かにあるということが言える。分析ではそれが重要なこともあるんだ。

 そっか。予測の精度がイマイチでも、「影響がある」とわかるだけで、それが重要な情報になることもあるんだねぇ。

1.1 統計データとは

　世の中にはさまざまなデータがあふれています。本書ではデータの分析の話をしますが、まず、データとは何かを考えてみましょう。

　データとは、何かを記録したものです。ディズニーランドの入場者数もデータですし、日照時間もデータです。

　一方、統計は、政府などが調べたものです。代表的なものが人口でしょう。日本の最初の統計は、1878年の山梨県の人口調査です。結果は39万7千人でした。一時点のデータでも意味はありますが、分析の幅は限られます。人口が増えているのか減っているのか、他の地域に比べて多いのか少ないのか、などはわからず、分析には物足りません。

　分析を豊かにするには、同じ人口をさまざまな地域について集めることが考えられます。例えば、ある一時点での以下のようなデータです。同じ時点での国別のデータを集めたものを**横断面データ**または**クロスセクション (cross section) データ**とよびます。

　架空の国の1200年のデータです。サイタマ国は100人、チバ国は160人、カナガワ国は180人で、同じ年での人口の違いがわかります。

▼図表　1200年の人口

国名	サイタマ国	チバ国	カナガワ国
人口	100	160	180

　一方で時間とともにどのように変化していくかを集めたものを**時系列データ**または**タイムシリーズ (time series) データ**とよびます。

　例えば、サイタマ国に関して、1200年、1210年、1220年といった時点の違うデータを集めたものです。

▼図表　サイタマ国の人口

年	人口
1200	100
1210	120
1220	130

　また、クロスセクションデータと時系列データ合わせたものを**パネルデータ**とよびます。1200 年、1210 年、1220 年のそれぞれの時点について、サイタマ、チバ、カナガワの３つの国のデータがわかります。

▼図表　サイタマ国、チバ国、カナガワ国の人口

年	サイタマ国	チバ国	カナガワ国
1200	100	160	180
1210	120	180	190
1220	130	200	200

　データ分析をする際は、まずデータが、クロスセクションデータなのか、時系列データなのかを意識しましょう。特に時系列データは特有の分析手法があることを第 5 章で説明します。
　一般的な変数の表記は、時系列の場合は Y_t、クロスセクションの場合は Y_i という形で表すことが多いです。データの中身は以下のようになっています。

$$Y_t = Y_1, Y_2, Y_3, \cdots$$
$$Y_i = Y_1, Y_2, Y_3, \cdots$$

本書では、その記号を省略して、Y、X などと簡単に表記することもあります。

1.2 1つのデータの分析

ヒストグラム

1つのデータを分析する際に便利なのが**ヒストグラム**です。横軸に階級（1つひとつの区間）、縦軸に度数（その範囲にある個体の数）をとったものです。

例えば「経済学」の試験の得点分布を例にとってみましょう。100点満点の試験で、100人の学生が受けた試験結果の例です。70点より高く80点以下の得点の学生が28人おり、90点より高く100点以下の学生が16人いることを示しています。

ヒストグラムをみると、データがどのように分布しているのかが一目でわかります。

▼図表 「経済学」のヒストグラム

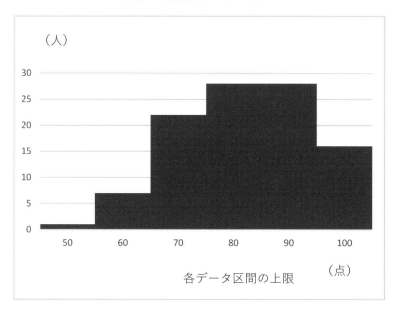

代表値

　ヒストグラムはグラフの一種ですが、データ全体の特徴を数値として表すものが「**代表値**」です。例えば、あるクラスの数学の成績がどのようなものかを知りたいときは、平均点を計算すれば、成績の良し悪しの見当が付くでしょう。

　平均値の仲間としては、**中央値 (メジアン)** や モード (最頻値) があります。平均値は極端な値があるとそれに引きずられる特徴がありますが、メジアンは小さいものから順番に並べて真ん中の値を指し、極端な値に左右されにくいという特徴があります。

　平均値の次に重要な代表値は**分散**です。各データの平均からの距離 (偏差) の二乗を足したものをサンプル数で割ったものです。平均の周りにデータが多ければ分散は小さくなり、平均よりも遠くにデータがあれば分散は大きくなります。分散の平方根が標準偏差です。分散の単位は元データの単位の二乗になりますが、**標準偏差**は元データと同じ単位になるので、実感がわきやすいです。

　大学入試の難易度を表すものに**偏差値**があります。偏差値は、成績を平均50、標準偏差10のデータに変換したもので、以下の式で表されます。

$$\frac{\text{元データ} - \text{平均点}}{\text{標準偏差}} \times 10 + 50$$

　平均点なら偏差値は50となります。正規分布を前提にすると、偏差値70の生徒は、上位2％の成績をとっていることになります。

　歪度(わいど)は、分布がどの程度偏っている (歪んでいる) かを表します。歪度がプラスだと、分布が左側に歪んでおり (直感とは逆です)、マイナスだと右側に歪んでいることを表します。偏差を3乗するなどして計算していますが、サンプルが右側に偏っていると、左側に平均から離れたデータが多くなり、マイナスになります。

　尖度(せんど)は分布の形がどの程度尖っているのかを表します。Excelで計算した場合、0より大きいとかなり尖っており、0より小さいと平らに近いです。0の場合が正規分布になります。ばらつきを表す分散と似ていますが、さらに極端な値の集中度を表します。分散は負になりませんが歪度や尖度は正規分布の場合が0で、正負どちらの値もとる可能性があります。

▼図表　さまざまな代表値

	説 明	Excel 関数
平均値	サンプルを足して、サンプル数で割ったもの	=AVERAGE(数値)
標準誤差	平均のばらつき	=STDEV(数値)/SQRT(データの個数)
中央値（メジアン）	大きい順に並べて真ん中になるもの	=MEDIAN(数値)
最頻値（モード）	最も頻度が多いデータ	=MODE(数値)
標準偏差	ばらつき	=STDEV(数値)
分 散	ばらつき	=VAR(数値)
歪 度	分布がどの程度 歪んでいるか	=SKEW(数値)
尖 度	分布がどの程度 集中しているか	=KURT(数値)
範 囲	データの範囲	=MAX(数値)−MIN(数値)
最 小	最も小さい値	=MIN(数値)
最 大	最も大きい値	=MAX(数値)
合 計	データの総和	=SUM(数値)
データの個数	データの数	=COUNT(数値)
相関係数	2つのデータの関係	=CORREL(数値1, 数値2)

2つのデータの分析

散布図

2つのデータの関係を視覚的にとらえられるものが**散布図**です。2つのデータ X と Y があるとすると、縦軸を Y、横軸を X として、対応する X と Y の値を描いたものです。これを作ると2つの変数がどのような関係にあるかがわかります。Excel のグラフ機能を使って散布図を書くことができます（付録 P.253）。

下の表は A さんから O さんまで 15 人の数学と英語のテストのデータです。A さんは、英語 95 点、数学 100 点で、散布図ではそれを 1 つの点で示します。B さんも同様です。このようにして O さんまで印をつけたものが散布図となります。

▼図表　数学と英語の試験結果

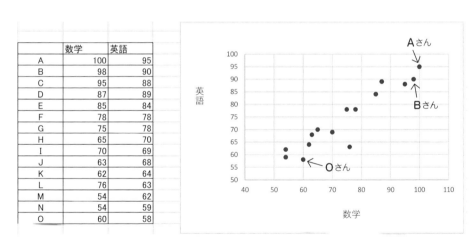

	数学	英語
A	100	95
B	98	90
C	95	88
D	87	89
E	85	84
F	78	78
G	75	78
H	65	70
I	70	69
J	63	68
K	62	64
L	76	63
M	54	62
N	54	59
O	60	58

相関係数

2つのデータの関係を数値で表すものとしては、**共分散**があります。分散は 1 つのデータのばらつき具合を示しますが、共分散は 2 つのデータの相関度合を表します。2つのデータ X と Y の場合、「X の偏差 × Y の偏差」の平均が共分散です。偏差とは、

平均からの差のことです。X が大きいとき Y も大きく、X が小さいとき Y も小さければ共分散は大きくなります。

　ただ、共分散はデータの単位に左右され、共分散の値をみて相関の高低を判断するのは至難の業です。

　そこで、よく使われるのは相関係数です。**相関係数**は、共分散を X の標準偏差と Y の標準偏差の積で割ったものです。

　相関係数は、2つのデータが同じ方向に動くと1に近くなり、反対方向に動くと−1になるように工夫されています。

　散布図で相関係数の大きさを示すので、参考にしてください。相関係数が1というのは、傾きが正で直線状にデータが並んでいる状態で、相関係数がゼロの場合は、ある円の中にデータが散らばっているような状態です。

　Excel を使った相関係数の計算法は、付録 (P.254) を参考にしてください。

▼ 図表　**相関係数と変数のばらつき具合**

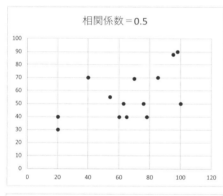
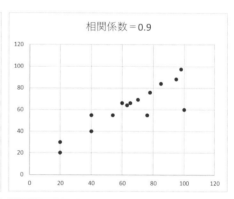
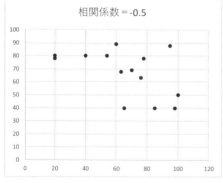
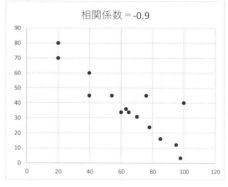

統計量について、実質GDPと鉱工業生産についての例を説明します。実質GDPは、日本の経済活動を包括的に表すものです。鉱工業生産指数は、鉱業と工業の生産活動を表すものです。鉱工業生産指数は月次で発表され、景気動向指数にも使われており、景気を表す指標として重要です。

　今回は前期比伸び率について統計量を見ていきましょう。

▼図表　実質GDPと鉱工業生産指数の動き

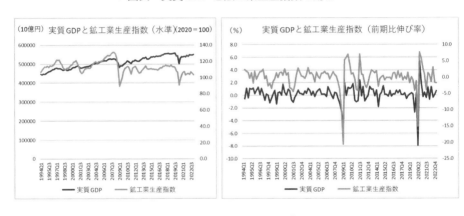

（出所）内閣府『国民経済計算』、経済産業省『鉱工業指数』

　ヒストグラムを見ると、平均の周りに多くのデータがあって、平均から離れるとデータが少なくなっています。鉱工業生産指数の方がばらつきが大きいことがわかります。また、尖り具合は、実質GDPの方が大きいです。両者とも右に偏ったデータであることがわかります。

▼図表　実質GDPと鉱工業生産指数のヒストグラム（グラフ）

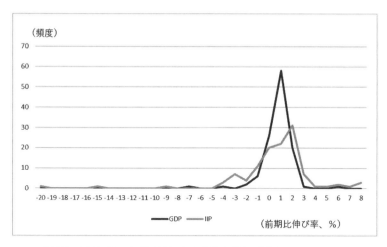

（出所）内閣府『国民経済計算』、経済産業省『鉱工業指数』より筆者作成

　これらは、以下の基本統計量から把握できます。グラフからは鉱工業生産指数の方が平均が高そうに見えます。しかし、平均値は鉱工業生産指数の方が小さいです。マイナス20％、マイナス15％といった極端に小さいデータにひきずられていることを表しています。この2つのデータを除くと平均は0.34となりGDPの平均より高くなります。平均値は、極端な値があるとそれに大きく影響を受けることを表しています。同じ代表値でも、メジアンは極端な値に左右されにくく、鉱工業生産指数の方が高いです。

　標準偏差は鉱工業生産指数のほうが大きく、ばらつきが大きくなっています。尖度は0のとき正規分布なので、両者とも尖った形状をしており、GDPの方がより尖っています。歪度はマイナスで右側に偏った分布を表し、鉱工業生産指数の方が右寄りです。

▼図表　GDPと鉱工業生産指数の基本統計量

	GDP	鉱工業生産指数
平均値	0.19	0.03
標準誤差	0.12	0.32
中央値　（メジアン）	0.20	0.51
標準偏差	1.32	3.44
分散	1.75	11.84
尖度	14.86	13.66
歪度	-1.97	-2.54
範囲	13.49	28.29
最小	-7.90	-20.57
最大	5.59	7.72
合計	22.12	3.85
データの個数	116	116

（出所）内閣府『国民経済計算』、経済産業省『鉱工業指数』より筆者作成

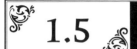

　回帰分析は2つの変数の関係を数量的に表すものです。原因にあたる変数を説明変数、結果にあたる変数を被説明変数とよびます。X が原因で Y が結果の場合、以下のように書くとイメージがつくでしょう。

$$Y \ \leftarrow \ X$$

　2つの変数を式で表したものが**単回帰**モデルです。変数は X_i、Y_i というふうに、添え字を書いて表すのが普通です。X_i は、$X_1, X_2, \cdots, X_n$ といった X に関するデータ全てを簡略化して表しています。

　下の式は X_i を β 倍して α を加えたものがおよそ Y_i になる、という理論的なモデルです。u_i は**誤差項**、または**かく乱項**とよびます。理論的なモデルであっても、誤差があることを前提にしています。α と β は母集団から計算できる真の係数ですが、実際には知ることができません。

$$Y_i = \alpha + \beta X_i + u_i$$

　実際のデータ（標本）に当てはめることで、α と β の推定値である $\hat{\alpha}$、$\hat{\beta}$ を求めます。Y_i を縦軸、X_i を横軸にしてグラフで描くと、$\hat{\alpha}$ が切片、$\hat{\beta}$ が傾きになります。

▼図表　回帰分析の仕組み

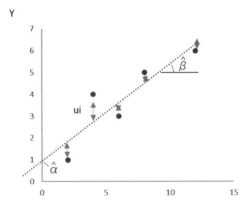

単回帰モデルの形を使って理論値が計算できます。データから推定した係数を $\hat{\alpha}$、$\hat{\beta}$ とすると、**理論値** は以下の形になります。

$$\hat{Y}_i = \hat{\alpha} + \hat{\beta}X_i$$

実績値と理論値の差を、**残差**（ざんさ）とよびます。

$$\hat{u}_i = \widehat{Y_i} - Y_i$$

最小二乗法は、残差の二乗和を最小にする α と β を推定するものです。

 具体的な例

回帰分析について、具体的な例を示しましょう。次の表は、大学生の毎月のアルバイト収入と毎月の支出金額を表したものです。

▼図表　アルバイト収入と支出額

(万円)

	X アルバイト収入	Y 支出額
Aさん	4	3.1
Bさん	8	4.8
Cさん	12	6.9
Dさん	2	2.0
Eさん	6	3.9

例えば、A さんはアルバイト収入が月に 4 万円で、毎月 3 万 1000 円支出していることがわかります。B さんは収入が 8 万円で支出が 4 万 8000 円です。収入が多いほど支出額が多いですが、完全に比例しているわけではありません。これを数量的に表してみましょう。

まず、どのような関係にあるのかという理論モデルを考えます。X をアルバイト収入、Y_i を支出額として次ページの式を想定します。α に X_i を β 倍したものを加え、誤差項を付けたものが支出額 Y_i になるという式です。

$$Y_i = \alpha + \beta X_i + u_i$$

α と β の計算には最小二乗法を使います。Excel の回帰分析で推定できます。計算した結果は下の式になりました。

$$Y_i = 1.06 + 0.48 X_i + u_i$$

この式を使って、A さんから E さんまでの支出額を計算すれば、どのくらい推定が正確なのかがわかります。実績値と理論値の差が残差になります。予測値と残差は以下の式です。

$$理論値 \quad \hat{Y}_i = \hat{\alpha} + \hat{\beta} X_i$$

$$残差 \quad \hat{u}_i = \widehat{Y}_i - Y_i$$

これを計算すると以下の表になります。

▼図表　支出額の理論値

	X	Y	$\hat{Y}$	u
	アルバイト収入	支出額	支出額の理論値	残差
A さん	4	3.1	3.0	−0.1
B さん	8	4.8	4.9	0.1
C さん	12	6.9	6.8	−0.1
D さん	2	2.0	2.0	0.0
E さん	6	3.9	3.9	0.0

残差が 1000 円程度ということが確認できました。推定した式を使えば、他の友達の毎月の支出額も予測できます。例えば、F さんの収入が 10 万円だとしたら、$1.05 + 0.48 \times 10 = 5.9$ となり、5 万 9000 円くらい支出するということがわかります。

単回帰分析と重回帰分析

　説明変数が１つの場合を**単回帰**分析とよびます。散布図を描いて、最小二乗法による直線を描いたりして説明がしやすいです。

$$Y_i = \alpha + \beta X_i + u_i$$

　重回帰分析は、説明変数が２つ以上の場合です。基本的な同じような考え方でよいですが、係数を求めるために行列の知識が必要になります。行列とは $\begin{pmatrix} 1 & 5 \\ 7 & 9 \end{pmatrix}$ というふうに行と列がある数学の表現法です。係数の解釈にも配慮する必要があります。β_1 は、X_2 が変わらなかった場合に、X_1 の変化に対してどの程度変化するかを表します。

$$Y_i = \alpha + \beta_1 X_{1i} + \beta_2 X_{2i} + u_i$$

 ## 推定の良し悪しは決定係数をみる

　最小二乗法を使うと、どんなデータでも係数が推定されます。しかし、予測値と実績値が近い場合もあれば遠い場合もあります。残差をそれぞれ見るのは大変です。そこで考えられたのが**決定係数**です。

▼図表　決定係数

回帰統計	
重相関 R	0.999273
重決定 R2	0.998547
補正 R2	0.998063
標準誤差	0.0818
観測数	5

まず、予測値と実績値の相関係数（R）を計算します。Excel では「重相関 R」とし
て表されます。相関係数を二乗したものが決定係数で R^2（アールスクエア）とよびま
す。Excel では「重決定 R2」と表されています。相関係数は − 1 から ＋ 1 までの値
をとりますが、決定係数は 0 から 1 までの値をとります。

　決定係数は、説明変数が多ければ多いほど改善し、サンプル数が少なければ少な
いほど改善するという傾向があります。それを修正したものが、**自由度修正済み決
定係数**です。Excel では「補正 R2」と表されています。

$$\bar{R}^2 = 1 - \left(1 - R^2\right)\left(\frac{n-1}{n-k}\right)$$

R^2：決定係数　　n：サンプル数　　k：係数の数（定数項を含む説明変数の数）

　決定係数以外の当てはまりの尺度もあります。その中でも重要なのは AIC です。
AIC（Akaike Information Criteria, 赤池情報規準）は、残差平方和を元にした統計量
なので、小さいほど当てはまりが良いです。当てはまりが良くなる（誤差が小さくな
る）と AIC は小さくなります。一方で、推計する係数の数が増えると AIC が大きく
なります。モデルが複雑になり過ぎることへのペナルティです。最も AIC が小さい
推定が、当てはまりと複雑さのバランスが取れたよい推定値と判断できます。

▼図表　さまざまな決定係数とそのばらつき

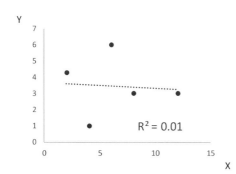

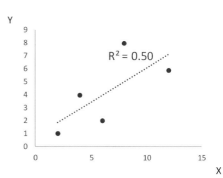

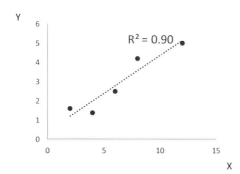

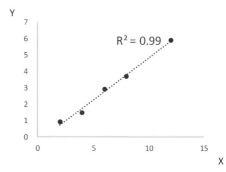

第1章の課題

ヒストグラム

　2023年7月は、記録的な暑さでした。気象庁のホームページ「過去の気象データ検索」から東京都の1875年から2023年までの7月の平均気温のデータを入手しましょう。Excelで基本統計量を調べた後、ヒストグラムを書いてみましょう。

　データ区間は、1度刻みで21度から30度にしてください。

平均値と中央値

　以下のデータは、ある国の国民の年収のデータです。これを使って、平均値、中央値など基本統計量を計算してください。ちなみに、平均値と中央値は2021年の厚生労働省「国民生活基礎調査」の結果と同じになります。

▼図表　年収のデータ（21人分）

単位：万円

90	120	150	170	200	270	300
330	420	440	440	500	560	600
620	640	700	800	1000	1500	2000

課題3 .... 相関係数 ....|

　次の表は、実質 GDP とその主要な構成項目である実質民間最終消費と実質民間設備投資です。この 4 つの変数について相関係数行列を作ってください。

▼図表　実質 GDP とその構成項目

(兆円)

年度	実質 GDP	実質民間 最終消費	実質民間 設備投資	実質財貨サービス の輸出
2018	555	302	92	105
2019	550	300	91	103
2020	527	284	85	92
2021	541	289	87	104
2022	549	296	90	109

(出所) 内閣府『国民経済計算年報』

 解答と解説

　本書は、各章ごとに「課題」を設けています。

　課題の解答と解説は、オーム社の Web サイト内にある本書紹介ページにて、提供しています。ダウンロードしてご利用ください。著者のサイトにも関連情報を載せますので、参考にしてください。

◆ オーム社 Web サイト
https://www.ohmsha.co.jp/

◆ 本書紹介ページ 『回帰分析から学ぶ計量経済学　Excel で読み解く経済のしくみ』
https://www.ohmsha.co.jp/book/9784274231254/

◆ 著者ホームページ 「経済統計の使い方」
https://officekaisuiyoku.com/

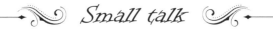
 ねえねえ、そこの魔法使いのお二人さん。通りすがりに、呪文とかナントカの話が聞こえてきたんだけど、なんだか面白そうだね。
僕は勇者アオイ。良かったら僕も一緒に行っていいかな？

 え～っ！！ 勇者さん！？？ さすが夢のファンタジー世界って感じ！

 ……勇者アオイなんて、噂でも聞いたことないけど。本当に勇者なの？

 おっと手厳しいね。確かにまだ世間に名を轟かせてないから、「自称・勇者」って感じかな。見聞を広めて、いつかこの国の役に立ちたいと思ってる。

 う、うーん。どうしよう？ マホナ…。

 ちょっと怪しいね。だけど、まあ勝手にしたら？
どうせ追い払っても、勝手に着いてきそうだし。

 よーし。じゃあ、旅に参加させてもらうよ。僕のことはあまり気にしないで。
空気のような存在と思ってくれればいいよ。

 ん～。まあ微妙に気になるけど、旅は道連れっていうし。仲間が増えるのはいいことだよね。それじゃ３人で出発～！

第 **2** 章

結果をどう評価するか

確率分布は、山のような形

おー、ここは見晴らしがいいなぁ。山がたくさん見える。

あっ、あれって、前に教えてもらった**ノーマル山（正規分布）**だよね。真ん中が一番高くなってて、左右対称のキレイな形。

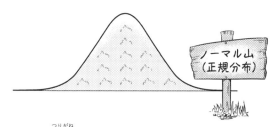

そうだね。ベル（釣鐘）のような形なので、**ベルカーブ**（bell curve）ともよばれるんだ。

べたーっと横長すぎて、あんまりベルっぽく見えないけどなぁ。

ああ。横軸の取り方で、形は変わるよ。

ほうほう。どの形も、頂上から見たら眺めが良さそうだね～。

うん。でも統計で重要なのは、頂上じゃなくて裾（すそ）の方。計算結果が裾の方にあると、主張が通ることになるからね。みんな確率が低いことを願って分析しているよ。

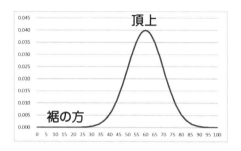

確率が低い方が、成功ってこと…？ なんだか変わってるねぇ。

偶然では起きないような、稀（まれ）なできごとを探してるからなんだけど。

あっ、見て！ あの湖に黒い白鳥がいる！ 珍しいね。本当にいたんだ。

「世の中に黒い白鳥がいない」という仮説は、珍しい黒い白鳥（ブラックスワン）が見つかれば、否定されるよね。それと同じ感じかな。

へえ〜。ところで、あの山はなんだろ？
ノーマル山に似てるけど、少しだけ違う。すそ野がもっと広いみたい。

*t*岳（**t分布**）だね。統計的検定では、こちらの方をよく使うね。

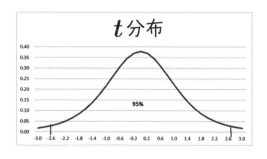

どうして t 分布の方を使うの？

 母集団の分散（全てのデータのばらつき）がわかっていれば正規分布を使い、わかってなければ t 分布を使う。だけど残念ながら、人間には母集団の分散がわからない場合が多いからね。サンプル数が増えていくと正規分布に近づくよ。

☆母集団とは、対象となる全てのデータのことです。P.65 で解説します。

 おーい。あっちの方を見てよ。あの辺は変な山が多いぞ。

 カイジジョウ山と **F 岳**だね。両方とも左右対称じゃなくて、ちょっと左側に重心がある感じだね。名所になりそうだけど。

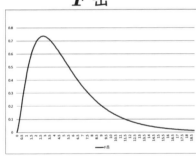 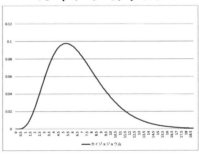

 おぉー。なんだかちょっと似てる感じだねぇ。

 両方とも、分散を加工した分布だからね。
分散は必ずプラスになるので、一番左側がゼロで全てプラスの値になるんだ。

それぞれの分布に応じて計算したものを**統計量**という。これは、とても便利なものだから覚えておくといい。

ほほう。それぞれの山になっている果物みたいなもんかな。

ノーマル山（正規分布）の場合は、ゼットチ（Z 値）だね。

どういうふうに便利なの？

値を聞いただけで、「だいたい山のどの辺にいるか？」がわかるんだ。例えば Z 値が、0 だと山の頂上、3 だとかなり裾野の方になる。
偏差値で話したほうがわかりやすいかな。Z 値の 0 は偏差値の 50、Z 値の 1 は偏差値の 60、Z 値の 2 は偏差値の 70 に当たるよ。

Z 値の 3 というと偏差値の 80 か。すごく平均から離れてるってことだなぁ。

t 分布の場合はティーチ（t 値）、F 分布の場合はエフチ（F 値）などの果物だね。覚えやすいでしょ。

あれれ？　でも、どの山にも同じような果物がなってるね。

あれはピーチ（P 値）だよ。**統計量が観測される確率**を表している。
ちょっと難しい話だけど、仮説検定では、この P 値が「5 ％とか 1 ％などの棄却水準より小さいかどうか？」で判断するんだ。

なんか超重要っぽい、桃だね！

P 値だけどね。P 値は確率を表す
Probability の P。
仮説検定では P 値が重要になるよ。

簡単で便利な、統計的推定

 統計的推定は、全てのデータを調べるのが難しいときに、**一部のデータ（標本）**を使って全体の量を推定するものだよ。
例えば、この村にリンゴの木は何本くらいあるかな？　ちょっと空から見てきてごらん、ほら。

 きゃ〜！私、魔法のチカラで飛んでる！？？　えっと…ざっと、200本だよ。

 1本の木に、どれくらいリンゴがなってる？

 んーと、この木は8個、向こうの木は10個、こちらは6個。
あとは、4個、8個、6個、4個、8個、8個、6個かな。

 ということは、10本の木には平均6個リンゴがなっているね。
ということは、200本でもだいたい平均6個くらいなっていると推定できる。
全部でリンゴは1200個だね。

 え、そんなに簡単にわかっちゃうの？

 標本の平均は、母集団の平均と一致するからね。これが統計的推定だよ。

 ほう。意外と簡単なもんだな。

 ピンポイントで当てる場合は、平均を用いればいいんだけど、実際には4個の木もあるし、10個の木もある。ばらつきがあるよね。これも考慮にいれて、幅をもって推定するのが「**区間推定**」だよ。これから詳しく話そうか。

区間推定するときに重要な、信頼区間

 区間推定する場合は、**信頼区間**が大事になる。信頼区間99%の推定の幅は、信頼区間95%の推定よりも広くなるよね。アーチェリーに例えてみよう。

アーチェリーだったら、この僕、勇者アオイの出番だね。割と得意なんだ。

へえ。じゃあ、20本矢を射てみて。

任せといて。あれが的だね。

——的に当たる、続けて5回は的に当たったが、6回目…

うわっ、少しずれた。

的から外れちゃったね。しょんぼり…。

少しくらいの失敗は許してくれ〜〜。

——結局20本中19回は的に当たり、1回外れた。

まあ、全部的に当てるのは難しいかもね。統計的推定も同じで、ある程度の許容範囲を考えるからね。例えば、95％の信頼区間というのは、5％は失敗するけれど95％は成功するということ。20本中19本は的に当たるというけど、1本は失敗するという意味だよ。

勇者アオイの信頼度は95％だね。

回帰分析でも統計的推定を利用してるよ。X_iやY_iを使って係数βの推定値$\hat{\beta}$を推定してるけど、標準誤差を使うと$\hat{\beta}$の95％信頼区間が推定できる。

限られた情報で判断する、統計的検定

次は、**検定**について説明するよ。検定は、限られた情報のなかで判断する必要があるときに使う手段になる。**統計的検定**の手順は以下のように…

> ▶ 仮説を立てる
> ▶ 仮説に基づいて確率を計算する
> ▶ 確率が小さければ、仮説を棄却する

というのが基本的な手順だよ。

例えば、私はサイコロの出る目を当てることができるけど、それを検定で確かめてみよう。

えー、すごい！ そんな魔法も使えるんだ。じゃあサイコロを振ってみるね。ねえねえ、マホナ。何が出ると思う？

4。

当たり。じゃあ次は？

また4。

ひゃー、当たり。次は？

1。

3回連続で当たったよ〜！ すごいねっ！

これで検定できたでしょ。

え？ どういうこと？

 魔法の力ではなく、偶然3回ともサイコロの目を当てることができる確率を
まず計算してみよう。

 えーっと、1/6 × 1/6 × 1/6 で216分の1だよね。0.05％かな。

 そうだね。魔力を持たずに3回連続当てられる確率はすごく低いよね。
それが当てられたっていうことは、私の魔力があることの証明になるでしょ。

検定の論理に基づいて考えると以下のようになるよ。

> ▶ 仮説は「魔力を持ってない」
> ▶ この仮説に基づいて、3回連続当てられる確率は0.05％
> ▶ 1％未満の稀な結果が出てきたということは、仮説である
> 　「魔力を持っていない」が間違っているというふうに考える。

 なるほど…。統計的検定についてはわかったけど、これが回帰分析と何か関
係があるの？

 t 検定というのは、これと同じ手順を踏むことになるよ。
仮説は「係数はゼロである」で、確率は P 値とよぶんだ。P 値が例えば1％
以下なら、「係数はゼロである」という仮説が起こる確率は非常に低いので棄
却され、係数がゼロでないことがわかる。
このように、無に帰する（成り立たない）ことを期待して立てられる仮説を
帰無仮説というよ。

 P 値はさっき出てきたね！ それにしても…面倒な手続きを踏むんだなぁ…。
まわりくどい帰無仮説じゃなくて、最初から一番知りたい仮説そのものを検
定すればいいと思うんだけど。

 魔法使いであることを、直接証明するのは難しいんだよ。

BLUE のための、3つの条件

以前、最小二乗法（P.54）という魔法が出てきたね。この魔法はどのくらい信用できるか？ について教えるよ。

最小二乗法は、ある条件のもとでは最強で BLUE という称号をもらっているけど、それが満たされていない場合もあるからね。

はて…？　BLUE ってことは青色？

いやそうじゃなくて、「**最良線形不偏推定量**」という意味だね。

今「ある条件のもとでは最強」と言ったね。その条件にはどんなものがあるんだい？ ちょっと気になるなぁ。

望ましい条件には、不偏性、効率性、一致性があるね。

不偏性があるというのは、多少の誤差はあるものの、平均的には的に当たる場合（期待値が β）のこと。それでも多少は外れるよね。

効率性は、外れる範囲が小さい場合だね。

一致性は、期待値はわからないけど、たくさん打てばだんだん β に近づいていく場合のことだよ。

うぅ…わかりづらい…。勇者アオイに、また矢を射てもらおうかな。

はーい、わかったよ。じゃあまた矢を 10 本射るよ。…どうだ！

勇者アオイ

【不偏性】

おおっ！ 的から多少離れているものもあるけど、平均すれば的に近いね。

推定値の期待値とは、平均をとるのと同じことで、それが真の値に近いということだね。勇者アオイの矢は不偏性があるということだ。

 じゃあ次は、効率性だね。

 効率性は、推定値の分散が最も小さいということ。今度は私が射てみるね。10本射るよ。

マホナ
【効率性】

 わ、すごい！僕よりもばらつきが小さい。くっ、悔しい。

 これは、推定値のばらつき（分散）が小さいということだよ。勇者アオイの矢は効率性がないということだね。

 とほほ…。

 最後は一致性だね。これは標本数が少ないときは不偏性は保証できないけど、大量に矢を射れば、だんだん的に近づくという性質だ。

 10本くらいだと的から大きく外れるかもしれないけど、1000本くらい打っていくとどんどん的へ近づいていくというイメージだね〜。

【一致性】

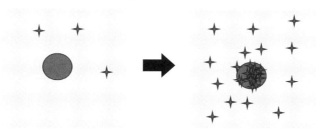

結果の評価の仕方

　最小二乗法では必ず係数を計算してくれますが、それが良い結果なのか悪い結果なのかを判断する必要があります。

　最小二乗法は、以下の式で α と β を求めることです。

$$Y_i = \alpha + \beta X_i + u_i$$

　結果が良いかどうかの判断の1つは、実績値と推定値（$\hat{\alpha} + \hat{\beta} X_i$）の当てはまりの良さです。誤差 u_i が小さいこと、と言っても同じです。これは、第1章で説明したように、自由度修正済み決定係数で判断します。

　次に重要なのが、推定した係数 $\hat{\beta}$ の信頼性についてです。$\hat{\beta}$ は X_i と Y_i という限られたサンプルを使って推定したもので、必ず誤差を伴っています。$\hat{\beta}$ がどの程度信頼できるのかは、推定値 $\hat{\beta}$ の誤差の範囲を調べることで確認できます。統計的推定という手法です。

　「$\hat{\beta}$ は信用できるのかできないのか、イエスかノーかで答えてほしい」という場合もあるでしょう。これを実現できるのが、統計的検定です。

　本章では、統計的推定、統計的検定を理解するため、確率の基礎から説明していきます。理解している方はその部分は飛ばしても良いと思います。

確率変数と確率分布

　確率とは、「確からしさ」ともよばれます。偶然起こることがどのくらいの頻度で起こるかを表します。頻度が高い場合は確率が高く、低い場合は低くなります。同じ確からしさで起こる事象の場合の数を考えて、そのうち何通りが実現するかを数えて確率を求めることができます。サイコロの場合、1から6までの目があるので場合の数は6通りです。サイコロを1回振って1が出る確率は、6通りのうちの1つですので、確率は1/6です。

確率変数とは、変数のうちそれぞれの値に確率が結びついているものです。例えば、変数 X_i とは、さまざまな値をとることができる記号ですが、確率変数 X_i は、変数の値それぞれに確率が対応しているものです。サイコロの目を表す確率変数を考えると、サイコロの目の1に確率 $1/6$ が対応し、サイコロの目の2にも確率 $1/6$、以下サイコロの目が6までそれぞれ確率 $1/6$ が対応しています。

サイコロの目のように、X_i が6個しかなくて有限な場合を**離散確率変数**とよび、連続的に変化する場合を**連続確率変数**とよびます。

連続確率変数の場合、変数が連続的に変化するので、ある値での確率はゼロになります。もし確率がゼロより大きいとすると、点の数は無限にあるので、全て足すと確率が無限大になってしまうためです。このため類似概念として**確率密度**関数を考えます。確率変数が少し動いたときのその範囲での確率のことで、離散確率変数の確率関数に対応するものです。累積分布関数は、確率変数が無限小からある区間までの確率を累積したものです。

▼ 図表　**確率変数**

確率変数	X_i の性質	X_i に対応する確率	X_i まで累積した確率
離散確率変数	X_i が有限	確率関数	累積分布関数
連続確率変数	X_i が無限	確率密度関数	累積分布関数

正規分布

確率変数がどのように分布をしているのかを示すのが確率分布です。代表的確率分布に**正規分布**（normal distribution）があります。

正規分布は、平均を μ、分散 σ^2 とすると以下の式で与えられるものです。

$$f(x) = \frac{1}{\sqrt{2\pi\sigma^2}} e^{-\frac{(x-\mu)^2}{2\sigma^2}}$$

☆ e は自然対数の底（ネイピア数）というもので、e の具体的な値は 2.7182… となります。

特に、平均0、標準偏差1の場合は標準正規分布とよばれます。確率密度関数は次ページの式で表されます。

$$f(x) = \frac{1}{\sqrt{2\pi}} e^{-\frac{x^2}{2}}$$

データの平均 μ からの差（偏差）を標準偏差 σ で割ることを**標準化**といいます。標準化したデータを **Z値** とよびます。

$$z = \frac{x - \mu}{\sigma}$$

Z値は、標準偏差（σ：シグマ）を1としてどれくらい平均から離れているかを表します。σ（シグマ）区間という言い方もします。標準正規分布に関する知識として、2σ区間（$-2 \leqq Z$値 $\leqq 2$）が95.4%、3σ区間（$-3 \leqq Z$値 $\leqq 3$）が99.7%、4σ区間（$-4 \leqq Z$値 $\leqq 4$）が99.99% という割合を知っていると、「Z値が4ということはとんでもなく稀なことだ」など、Z値の解釈がしやすいです。

Z値を横軸に、**確率密度**を縦軸にしてグラフを描くと以下のグラフになります。確率密度を表す Excel の関数は以下です。

NORM.DIST(Z 値 ,0,1,FALSE)

▼図表　標準正規分布と Z値

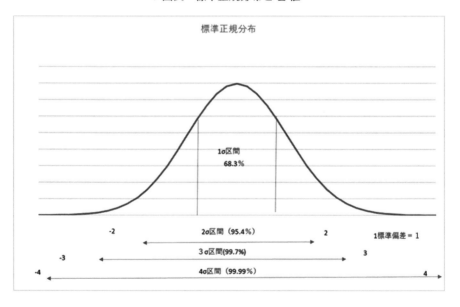

Z 値が下位から何％にあるかは、**累積確率密度**を計算します。無限小はゼロで無限大は1になります。Excel では以下の関数です。

NORM.DIST(Z 値 ,0,1,TRUE)

▼図表　累積分布

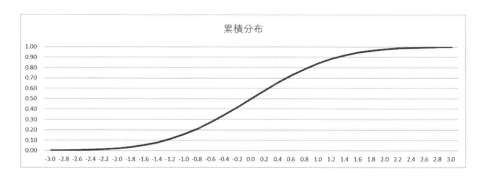

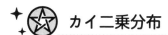

カイ二乗分布（chi-square distribution）は推定や検定でよく使われます。 χ 二乗分布と表記することもあり、 χ はカイとよびます。 $Z_1, Z_2, \cdots, Z_m$ を互いに独立な標準正規分布をする確率変数とすると、 W は自由度 m のカイ二乗分布に従います。正規分布の二乗和の分布です。

$$W = \sum_{i=1}^{m} Z_i^{\;2}$$

61

t 分布

t 分布（t-distribution）もよく使われます。確率変数 Z（標準正規分布）、確率変数 W（カイ二乗分布）について以下の式で表されるものを t 分布とよびます。

t 分布は、標本分散を使った推定に使われます。平均値の差の検定や回帰係数の検定にも使われます。

$$t = \frac{Z}{\sqrt{\dfrac{W}{m}}}$$

 ## F 分布

F 分布（F-distribution）も推定値の検定に使われます。X を自由度 m_1 の確率変数（カイ二乗分布）、Y を自由度 m_2 の確率変数（カイ二乗分布）として、互いに独立とすると、V は自由度 m_1, m_2 の F 分布に従います。

$$V = \frac{X/m_1}{Y/m_2}$$

X や Y は残差の二乗和の分布なので、残差の二乗和を使った係数制約に関する検定に使われます。第 4 章で解説するチャウテストや、第 5 章で解説するグレンジャーの因果関係などでも応用されています。

2.2 統計量と確率の関係

後で説明する統計的検定では、さまざまな統計量を使います。以前は統計表を使いましたが、現在では Excel の関数を使うのが便利です。以下が Excel の関数をまとめた表です。

検定統計量が与えられたとき、その統計量が観測される確率を P 値といいます。P 値は、t 値や F 値がわかれば以下の関数を使って計算することができます。

▼図表　分布の値と確率の対応

	値 → 確率（P 値）	確率（P 値）→ 値
正規分布	NORM.DIST(X, 平均, 標準偏差, 関数形式)	NORM.INV(確率, 平均, 標準偏差)
カイ二乗分布	CHISQ.DIST(X, 自由度, 関数形式)	CHISQ.INV(確率, 自由度)
t 分布	T.DIST(X, 自由度, 関数形式)	T.INV(確率, 自由度)
F 分布	F.DIST(X, 自由度 1, 自由度 2, 関数形式)	F.INV(確率, 自由度)

X は分布を評価する値。逆関数は分布を評価する値 X を返す。
関数形式は累積分布関数は TRUE, 確率密度関数は FALSE を指定する。

例えば、A 君が平均点 80 点、標準偏差 10 点のテストで 70 点を取った場合、分布の中でどのくらいの位置にあるのかをみるには、NORM.DIST 関数を使います。関数形式は累積分布関数を使うと下位から何％の位置にあるかがわかります。

NORM.DIST(70,80,10,TRUE)=0.159

下位から 15.9％にあることがわかります。

一方、上位 10％に入るには何点とればよいかが知りたい場合もあります。下位から数えると 90％なので、以下の式で計算できます。

NORM.INV(0.9,80,10)=92.8

上位 10% に入るには 92.8 点とる必要があることがわかります。

　回帰分析では t 検定をよく使います。自由度が 100 で t 値が 2 のとき、t 分布の下位から数えて何%の場所に位置しているのかは、T.DIST 関数を使います。

$$T.DIST(2,100,TRUE)=0.976$$

　下位から数えて 97.6% の場所に位置していることがわかります。P 値は、その外側の稀な方の確率なので、$1-0.976=0.024$ で、両側検定の場合はその 2 倍の 0.048、4.8% となります。

　これを一度で計算する関数として、T.DIST.2T があり、t 検定のところで紹介します。

$$T.DIST.2T(2,100)=0.048$$

　自由度 100、両側検定で 1% 水準で棄却するための t 値はいくつになるかは T.INV 関数でわかります。両側検定ということは両端を合わせて 1% ということで、両端 0.5% ずつなので、累積分布関数では 0.5% と 99.5% の場所になります。左右対称なのでどちらかを調べて符号を変えればよいですが、両方計算すると以下の値になります。

$$T.INV(0.005,100)=-2.63$$
$$T.INV(0.995,100)=2.63$$

2.3　標本と母集団

　統計学の用語として重要なものに、「**母集団**（population）」と「**標本**（sample）」が
あります。標本はサンプルとよぶこともあります。母集団とは、調査対象の全ての
データを指します。例えば、総務省の「家計調査」には「1 世帯当たりの消費額」と
いう項目がありますが、この統計の母集団は、日本にある全ての世帯となります。
東京のマンションに住んでいるサラリーマンの世帯も、秋田県の田園地帯に住んで
いるおじいさんの世帯も、沖縄県で一人暮らしをする学生の世帯も全て含みます。

　しかし、全ての世帯を調査するのは、資金的にも人員を集めるうえでも大変です。
特に毎月調査する場合は困難を極めます。そこで、一部の世帯を調査して、それを
もとに母集団の値を推定します。母集団から抽出したデータを標本といいます。政
府統計の多くは標本を使った標本調査から母集団を推定しています。

　一方で、人口など国の基本となる統計は、コストをかけてでも調べる必要があり
ます。母集団全てを調査する場合は**全数調査**（センサス）とよびます。日本の統計で
は国勢調査や経済センサスなどがそれにあたります。古代ローマの監察官（センソー
ル）は高位の官職で、市民の登録や財産の管理などをしていました。それがセンサス
という言葉のもとになりました。

標本調査を行った場合、それを母集団情報へと変換する必要があります。その手法を **統計的推定** とよびます。例えば、100 個の母集団から 10 個の標本を抜き取って、母集団の特徴を類推する場合です。10 個の標本の平均値が 4.5 だったとき、その情報から母集団の平均を推定することです。ちなみにこの場合は、母集団の平均値も 4.5 になります。

標本の情報は母集団に比べて限られています。たまたま大きめの数字が選ばれたかもしれないし、小さめの数字に偏っているかもしれません。選んだ標本がどのくらいばらついているのかも重要でしょう。これらを総合して、「だいたいこの値」、だとか「だいたいこの範囲にデータがあるはず」と計算するのが、推定の役割です。ある 1 つの値を推定値とする場合は **点推定** とよびます。

平均値の推定は比較的簡単です。平均の力は強力で、標本の平均と母集団の平均は等しいことが知られています。標本平均を母集団の平均の推定値として使えます。10 個の標本から得られた平均値が 4.5 なら母集団の平均値も 4.5 と推定できます。

t 分布を使った統計的推定

次にある程度幅をもって推定する **区間推定** の方法を説明します。幅を持って推定する場合、できるだけ正確な値を知りたいのか、大まかでよいのかで推定する幅が変わります。統計学でその幅を決めるのは、「**信頼区間**」です。95 % の信頼区間とは、標本を 100 回抽出し直して計算した場合、95 回はその範囲に入る区間のことです。さらに正確に知りたいのなら 99 % の信頼区間を求め、おおざっぱな結果でよいなら90 % の信頼区間を使えばよいことになります。

母集団が正規分布の場合、標本の分布は t 分布に従うことが知られています。母集団の平均 μ がとりうる値は以下の式で表されます。$\bar{X}$ は標本の平均値です。T は t 値で、標本数 n と信頼区間を何 % にするかを決めると決まります。s は標本の標準偏差です。s をルート n で割ったものは、標準誤差 (SE) とよび、標本平均のばらつきを表します。$SE = \dfrac{s}{\sqrt{n}}$ で表されます。

$$\bar{X} - T \times SE \leq \mu \leq \bar{X} + T \times SE$$

T は、Excel で計算できます。95％信頼区間の場合の値を見てましょう。標本数によって値は微妙にかわりますがだいたい 2 前後だということがわかります。

▼図表　95％信頼区間の t 値

標本数	自由度	95％信頼区間の t 値 (T)	Excel の式の形
10	9	**2.26**	=T.INV(0.975,10−1)
100	99	**1.98**	=T.INV(0.975,100−1)
1000	999	**1.96**	=T.INV(0.975,100−1)

T.INV 関数は、確率と自由度（区間推定の場合は標本数から 1 を引いたもの）を入力すると t 値が計算できる関数です。信頼区間 95 ％ということは、信頼区間に入らないのは 5 ％で、t 分布の両端それぞれ 2.5 ％ずつです。このため、左端の t 値は 2.5 ％、右端の t 値は 97.5 ％に対応することになります。左右対称なので、右端を計算すれば、それにマイナスをつけたものが左端になります。Excel の関数式で表すと信頼区間 x ％の場合、以下になります。

T=T.INV(1−((1−0.95)/2), 自由度)

t 値は標本数にも左右されます。同じ 95 ％信頼区間でも標本数が少ない場合は大きくなり、標本数が多くなるにつれ、信頼区間が小さくなります。95 ％信頼区間に対応する t 値は標本数 10 では 2.26、100 では 1.98、1000 では 1.96 になります。

▼図表　t 分布

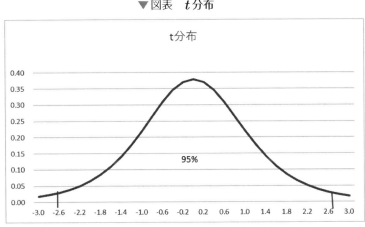

2.5 統計的検定

統計的検定は、標本を用いて母集団の性質を判断することです。その手順は以下の通りです。

- 帰無仮説をたてる
- 棄却域を決める
- 検定統計量を計算する
- 帰無仮説を棄却（または受容）する

帰無仮説とは、無に帰する仮説です。単に仮説といってもいいですが、本当は成り立ってほしくないという気持ちを込めて、帰無仮説といいます。例えば、「気になる人に好きな人がいる」といったものです。本当は成り立ってほしくはないですよね。帰無仮説と反対の仮説を**対立仮説**とよびます。この場合は、「気になる人に好きな人がいない」となります。記号では帰無仮説を H_0、対立仮説を H_1 で表します。H は英語の仮説（hypothesis）から採られています。

「**棄却域**を決める」というのは、仮説を棄却する条件を決めるということです。例えば、「映画を誘ったときに、一緒に行ってくれる」という条件です。帰無仮説を棄却する条件を確率で示すためには、棄却域は偶然としてはあり得ない水準である必要があり、通常 5% 以下とします。3% 以下でも 1% 以下でもよいですが、あらかじめ決めておく必要があります。この 5% のことを有意水準とよびます。そして、帰無仮説を棄却できた場合、「5% 水準で有意」という言い方をします。

「**検定統計量**を計算する」というのは、実際に気になる人を映画に誘って、その返事を聞くことです。

「帰無仮説を棄却（または受容）する」は、最後の結論です。映画に誘った返事が「OK」なら「好きな人がいる」という帰無仮説を棄却します、断れたら「好きな人がいる」という仮説を受容します。

上の例では、好きな人がいるかどうかを、「好きな人がいますか？」と直接聞けば答えがわかるのに、それができないので、遠回しな言い方になっています。統計的検定もこれに近いです。

- **帰無仮説をたてる**　気になる人に好きな人いる
- **棄却域を決める**　映画を誘った時に一緒に行ってくれる
- **検定統計量を計算する**　映画に誘う
- **帰無仮説を棄却（または受容）する**
  映画に一緒に行ってくれる→「好きな人がいる」を棄却
  映画に一緒に行ってくれない→「好きな人がいる」を受容

実際に統計的な検定を行う手順を説明します。

- 帰無仮説を「母集団の平均は100g」とします。
- 棄却域を1%未満とする。
- 検定統計量からP値を計算します。例えば、その結果が0.6%だとします。
- 棄却域に入っているので、「母集団の平均は100g」という仮説は棄却できます。

　例えば、毎日食べているお菓子の量がある日から減っているように感じた場合です。「お菓子の量が100gより小さい」が対立仮説で、帰無仮説は「お菓子の量が100gである」になります。

　棄却域は帰無仮説を棄却するために確率で、「偶然では起こりえない確率」を指します。

> 帰無仮説を前提にすると、偶然では起こりえない確率となった、
> だから帰無仮説が間違っている

という考え方です。これは統計的検定の基本的な考え方なので、十分理解してください。

　棄却域は、「偶然では起こりえない珍しい確率」から決めますが、どの程度に設定するのがよいでしょうか。コインの表が連続して2回出る確率は、$(1/2)^2 = 0.25$で25%ですね。これは「起こりえる確率」でしょう。5回連続表が出る確率は$(1/2)^5 = 0.03125$で、3.1%です。5回連続表が出ることがかなり稀な現象だと考えるなら、棄却域は3%程度にするとよいことになります。本書では基本的に5%未満を棄却域と考えて分析しています。

検定統計量は、t値やF値のことで、帰無仮説のもとでどの程度起こるかという確率（P値）が計算できます。帰無仮説を前提として60％の確率で起こるのか、3％の確率で起こるのかなどがわかるということです。

両側検定と片側検定

棄却域を設ける場合、対立仮説の違いによって、棄却域が変わります。例えば、帰無仮説が「お菓子が100gである」に対して、対立仮説が「お菓子が100gでない」という場合は一般的には以下のように表せます。**両側検定**といいます。

$$帰無仮説（H_0）\quad \mu = 0$$
$$対立仮説（H_1）\quad \mu \neq 0$$

一方、対立仮説は否定の一部でもよいので、対立仮説が「お菓子が100g未満である」という仮説も考えられます。こちらは、**片側検定**です。

$$帰無仮説（H_0）\quad \mu = 0$$
$$対立仮説（H_1）\quad \mu < 0$$

$\mu > 0$の場合は考えずに、棄却水準を決めるので、同じ棄却水準なら、**両側検定**のときよりも、棄却域が2倍になり、棄却しやすいことになります。簡単に言えば、**片側検定**の方が主張が通りやすいということです。

▼図表　両側検定と片側検定

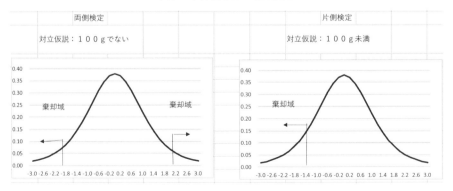

2.6　係数がとりうる範囲
（標準誤差）

　回帰分析に、統計的推定の考え方を採り入れていきましょう。考え方は、区間推定と同じです。ここでは、最小二乗法で計算された係数の信頼区間を求めてみます。単回帰分析では以下の式で、α と β が求まります。

$$Y_i = \alpha + \beta X_i + u_i$$

　推定した係数 $\hat{\beta}$ が取りうる範囲を知りたいときは、以下の式で計算できます。$\hat{\beta}$ が係数の値、T が t 値、SE が**標準誤差**です。T は信頼区間と自由度で決まります。

$$\hat{\beta} - T \times SE \leq \mu \leq \hat{\beta} + T \times SE$$

　Excel の回帰分析では、係数の標準誤差が出力されるので、以下の式で m %の信頼区間が計算できます。自由度は標本数から定数項を含む説明変数の数を引いたものです。

T =T.INV(1−((1−m/100)/2), 自由度)

2.7 係数がゼロの検定（t 検定）

次に、**t 検定**を行ってみましょう。帰無仮説は「係数がゼロである」です。標準誤差を使うと係数がどの程度の幅にあるのかがわかりますが、こちらは統計的検定を使うため、係数が信頼できるものかどうかが、はっきりわかります。

単回帰分析は以下の式です。

$$Y_i = \alpha + \beta X_i + u_i$$

t 検定は、$\hat{\beta}$ がどの程度信用できるかの検定です。統計的検定の方法に基づいて、説明していきます。帰無仮説は「$\hat{\beta}$ はゼロである」です。帰無仮説が何であるかを十分理解する必要がありますので注意してください。

- ・帰無仮説をたてる　　$\hat{\beta}$ はゼロ
- ・棄却域を決める　　　５％未満
- ・検定統計量を計算する　t 値
- ・帰無仮説を棄却（または受容）する
    - t 値が棄却域に入る → 「$\hat{\beta}$ はゼロ」を棄却
    - t 値が棄却域に入らない → 「$\hat{\beta}$ はゼロ」を受容

t 値は係数を標準誤差で割って求めます。棄却域は偶然では起こりえない確率のことで、例えば 5% 未満とします。対立仮説は「係数がゼロでない」とすると、両側検定になり、棄却域は両側にあり、左側の -2.5% 以下と、右側の 2.5% 以上に対応する t 値を計算すればよいことになります。自由度はサンプル数から定数項を含む係数の数を引いたものです。

T=T.INV(0.05/2, 自由度)
T=T.INV(1 − 0.05/2, 自由度)

例えば、標本数が 100 のときなら、t 値は -1.98 と 1.98 になります。つまり t 値が

−1.98 以下か、1.98 以上の場合に、帰無仮説が棄却できるということになります。

▼図表　5％水準の t 値（係数が 2 つの場合）

標本数	自由度	5％水準の t 値 （両側検定）	Excel の式の形
10	8	− 2.31	=T.INV(0.05/2,10−2)
100	98	− 1.98	=T.INV(0.05/2,100−2)
1000	998	− 1.96	=T.INV(0.05/2,1000−2)

t 値は係数の信頼性が判断できて便利なのでよく使われます。よく「t 値が 2 以上であれば大丈夫」と言われますが、「t 値が 2 以上あれば、係数がゼロであるという主張が 5％水準で棄却されるため、大丈夫」ということです。

最近では、Excel で簡単に **P 値** が計算できることから、P 値を使った検定も行われます。P 値は、帰無仮説のもとで、t 値がどのくらいの確率で観測できるのかを表したものです。両側検定の場合は、以下の式で計算されます。

（t 検定）P 値：両側検定のとき
=T.DIST.2T(ABS(t 値), 自由度)

t 値がマイナスの場合はエラーになりますので、絶対値（ABS）にします。t 値が 2 で標本数が 100 の場合（自由度は 98）の P 値は 4.8％となります。棄却水準を 5％とすると、それよりも確率が小さいので、帰無仮説を棄却します。

片側検定の場合は以下の式です。T.DIST.RT 関数は右側の片側検定の値を返すので、RT（right tail）という名前です。

（t 検定）P 値：片側検定のとき
=T.DIST.RT(ABS(t 値), 自由度)

2.8 係数制約の検定（F検定）

F検定は、**係数の制約**に関する検定です。t検定と同様、係数＝ゼロの検定ですが、F検定はもっと幅広い係数制約の検定ができます。

重回帰分析の基本式は以下の通りです。

$$Y_i = \alpha + \beta_1 X_{1i} + \beta_2 X_{2i} + u_i$$

係数制約とは、$\hat{\beta}_1$ や $\hat{\beta}_2$ に制約を置くものです。$\hat{\beta}_1 = \hat{\beta}_2 = 0$ という制約を置くことが考えられます。制約後の式は以下になります。

$$Y = \alpha' + u'_i$$

F検定は、制約がある場合とない場合の残差二乗和を比べます。制約した方が通常残差が大きくなります。しかし、制約しても残差があまり大きくならなかったとしたら、制約が妥当だということになります。

統計的検定としては、帰無仮説を $\hat{\beta}_1 = \hat{\beta}_2 = 0$ として検定をします。SSR を制約のない場合の残差の二乗和、SSR' を制約のある場合の残差二乗和とします。この差が有意に大きいかどうかを検定するのが F検定です。有意に大きければ帰無仮説が棄却されます。つまり、$\hat{\beta}_1$ か $\hat{\beta}_2$ は 0 ではなく、推定に意味があることを示しています。

$$F = \frac{(SSR' - SSR)/m_1}{SSR/m_2}$$

m_1（自由度1）は制約の数を表していて 2 です。m_2（自由度2）は制約のない推定をする場合の自由度を表していて、サンプル数から定数項を含めた係数の数 (3) を引いたものです。Excel の回帰分析では、「分散分析」が F検定を行っている場所になります。

被説明変数を合計特殊出生率、説明変数を女性の未婚率と有配偶者の出生率とした回帰分析を例にして説明します。

係数を推定すると次ページの式になります。

合計特殊出生率 = 1.46 − 0.028 × 女性未婚率 + 0.014 × 有配偶出生率

これに対し、係数 = 0 の推定の帰無仮説を F 検定で行います。回帰による残差の二乗和は、残差の行の変動の部分で 0.084759 です。変動とは平均からの偏差の二乗和ですが、残差の平均はゼロなので、単に残差の二乗和となります。

▼図表　F 値

分散分析表					
	自由度	変動	分散	観測された分散比	有意 F
回帰	2	0.896739	0.448369	232.756	3.97E-24
残差	44	0.084759	0.001926		
合計	46	0.981498			

次に、定数項のみで推定した残差の二乗和を計算します。Excel の回帰分析では、説明変数を全て 1 とする変数を作り、「定数に 0 を使用」にチェックをいれると計算できます。計算すると残差の二乗和は 0.981498 となります。

これらの数値を上記の F 値の計算式に代入すると F 値が計算されます。m_1（自由度 1）は制約の数で説明変数 = ゼロが 2 つなので、2 になります。m_2（自由度 2）はサンプル数（47）から定数項を含む係数の数（3）を引いたものです。

$$F 値 = \frac{(0.981498 - 0.084759)/2}{0.084759/(47 - 3)} = 232.756$$

P 値は以下の式で計算できます。

1−F.DIST(F 値、自由度 1、自由度 2、TRUE)

これが設定した 1％、5％ などと決めた棄却域よりも小さければ帰無仮説が棄却できることになります。

実は、「分析ツール」の回帰分析では、上のような面倒な計算をしなくても F 値とそれに対応する P 値が計算されています。「観測された分散比」が F 値で、「有意 F」が F 値に対応する P 値です。

2.9 平均値の差の検定（t検定）

標本に対応がある場合

平均値の差の検定は、大きく2つに分けられます。2つの**標本に対応がある場合**と対応がない場合です。標本に対応がある場合とは、研修前と研修後というように、データが一対の標本になっているものです。この場合は、それぞれのデータの差を標本と考え、「差がゼロ」の帰無仮説について検定します。母分散がわからないので点数の差は t 分布になります。

標本に対応がない場合

次に2つの**標本に対応がない場合**に関する平均値の差の検定です。A組とB組の平均身長に差があるかどうか、という場合です。A組の平均身長が160cm、B組の平均身長が162cmだとして、2つのクラスに差があると言えるでしょうか？これだけではわかりませんね。統計的に有意に差があるかどうかは、2つのクラスのばらつきが大きく影響します。A組、B組ともばらつきが小さいなら、有意に差がある可能性が高いし、ばらつきが大きければ2cmの差は大したことはないということになります。

2つのグループの母分散が同じと仮定するかどうか、で検定統計量が変わります。両者とも、「分析ツール」を使えば計算できます。

▼図表　平均値の差の検定（全て t 検定）

データの種類	分散の仮定	検定の種類	帰無仮説
対応がある場合 （研修の前後など 一対の標本）	等分散を仮定	母平均の検定	対応するデータ の差がない
対応がない場合 （クラス間の比較 など）	等分散を仮定 （金融業と製造業 など）	平均値の差の検定	2つの標本の 平均値の差がない
	等分散を仮定し ない（20代と 30代の所得）	平均値の差の検定	2つの標本の 平均値の差がない

等分散を仮定した場合

母集団A，Bからそれぞれ大きさ n_A，n_B の標本を抽出した場合、標本平均を $\overline{X_A}$，$\overline{X_B}$、標本分散を U^2 として、以下の統計量は自由度 $n_A + n_B - 2$ の t 分布に従うので、これを使って検定します。

$$T = \frac{\overline{X_A} - \overline{X_B}}{\sqrt{U^2 \left(\frac{1}{n_A} + \frac{1}{n_B} \right)}}$$

等分散を仮定しない場合

異なる分散の場合は、標本分散を U_A^2，U_B^2 として、以下の式で検定できます。

自由度の式は複雑なので省略します。この式は、等分散を仮定した場合でも成り立つので、グループの分散が等しいかどうかわからない場合は、「等分散を仮定しない場合」で検定すればよいです。

$$T = \frac{\overline{X_A} - \overline{X_B}}{\sqrt{\left(\frac{U_A^2}{n_A} + \frac{U_B^2}{n_B} \right)}}$$

2.10　消費関数の推定とその判断

Excel を使って、消費関数を推定しましょう。データは内閣府の国民経済計算の
データを使います。1994 年度から 2021 年度までのデータです。

$$\text{実質民間最終消費} = \alpha + \beta \text{実質GDP} + u$$

推定結果は以下の通りです。

▼図表　回帰分析の出力結果

概要								
	回帰統計							
重相関 R	0.941195							
重決定 R2	0.885848							
補正 R2	0.881458							
標準誤差	5407.858							
観測数	28							
分散分析表								
	自由度	変動	分散	観測された分散	有意 F			
回帰	1	5.9E+09	5.9E+09	201.7668	9.16E-14			
残差	26	7.6E+08	29244927					
合計	27	6.66E+09						
	係数	標準誤差	t	P-値	下限 95%	上限 95%	下限 95.0%	上限 95.0%
切片	30530.94	17830.68	1.71227	0.098751	-6120.55	67182.42	-6120.55	67182.42
GDP	0.497064	0.034993	14.20446	9.16E-14	0.425134	0.568994	0.425134	0.568994

Excel の「分析ツール」では、被説明変数が表示されません。分散分析表も有用で
すが、毎回必要ではありません。本書では、この表を加工して以下のようにコンパク
トに表示することにします。

▼図表　回帰分析の結果（簡易版）

被説明変数：実質民間最終消費				
	係数	標準誤差	t	P-値
切片	30530.94	17830.68	1.71227	0.098751
GDP	0.497064	0.034993	14.20446	9.16E-14
重決定 R2	0.885848	F値		201.7668
補正 R2	0.881458	P値（F値）		9.16E-14
観測数	28			

　まず、「回帰統計」では重相関 R、重決定 R2、補正 R2 が出力されます。計量経済学の言葉では、実績値と推定値の相関係数、決定係数、自由度修正済み決定係数です。

　言葉が違うものについてまとめておきます。

▼図表　用語の違い（Excel と計量経済学）

Excel	計量経済学
重相関 R	相関係数
重決定 R2	決定係数
補正 R2	自由度修正済み決定係数
観測数	標本数
観測された分散比	F 値
有意 F	F 値に対応する P 値

　自由度修正済み決定係数は 0.88 なので、当てはまりはまずまずです。

　被説明変数の推定値の標準誤差と観測数（標本数）も出力されます。

　分散分析表ではさまざまな数値が計算されますが、右端の「有意 F」が重要です。これは、帰無仮説「すべての係数がゼロ」に対応する検定統計量の P 値です。F 値そのものではなく、F 値に対応する確率（P 値）が計算されています。

　その下に、係数や t 値などが出力されます。「切片」は定数項のことなので、次ページの式を推定したことになります。

$$実質民間最終消費 = 30530.94 + 0.497064 \times 実質GDP + u$$

それぞれの係数の標準誤差も計算されています。t 値は係数を標準誤差で割っても求められます。計算した t 値が観測される確率も、P 値として計算されます。

切片は 30530.94 です。t 値が 2 に満たず、対応する P 値は 9.9% です。切片 = ゼロという帰無仮説が 5% 水準で棄却できないことを示しています。

一方、$\hat{\beta}$ の係数は 0.497064 です。t 値が 14.2 で対応する P 値は、0.0% ですので、$\hat{\beta}$ の係数がゼロであるという帰無仮説は 1% 水準でも棄却できることがわかります。

2.11 回帰分析による予測

回帰分析を使うと**予測**ができます。回帰分析は以下の式を推定することでした。

$$Y_i = \alpha + \beta X_i + u_i$$

α と β は最小二乗法によって推定できます。第1章で説明したように、推定した $\hat{\alpha}$ と $\hat{\beta}$ がわかれば、Y_i の**理論値**を計算することができます。

$$\hat{Y}_i = \hat{\alpha} + \hat{\beta} X_i$$

以上は、実績値の話ですが、X_i の将来の数値を使うと対応した Y_i の予測値も計算できます。これが予測の基本です。Y_i を予測するにはまず X_i を予測する必要があります。両方とも同時に予測することはできないので、注意して下さい。

Excel の分析ツールを使って、理論値を出力することができます。実績値と推定値、残差を表したのが下のグラフです。

予測値については、自動的には出力できないので、説明変数と係数から計算します。

▼図表　実績値と理論値

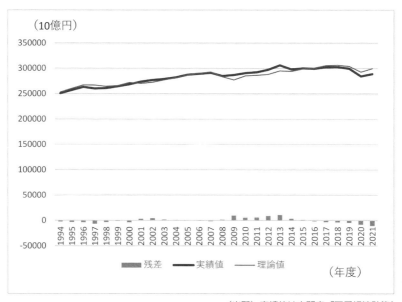

（出所）実績値は内閣府『国民経済計算』

2.12 BLUE

最小二乗法がよく用いられるのは、一定の条件のもとで、最も望ましい推定量であるためです。計量経済学で、最も望ましい条件として、不偏性、効率性、一致性があり、最小二乗法は「**最良線形不偏推定量**（BLUE：Best Linear Unbiased Estimator）」となることが知られています。

弓矢での的当てに例えると、不偏性があるというのは、多少の誤差はあるものの、平均的には的に当たる可能性が高いことです。係数の期待値が真の値 β に一致する場合です。

それでも外れる場合がありますが、有効性は外れる範囲が小さいことを表しています。推定量の分散が最小ということです。

一致性は、たくさん射ればだんだん、真の値 β に近づいていく場合です。サンプルサイズの増加とともに推定量の分散が小さくなることを示します。

望ましい3つの条件は、（1）誤差項が均一分散 （2）誤差項どうしに相関がない（3）説明変数と誤差項が相関していない——の3つ。これを満たせば BLUE になることを**ガウスマルコフの定理**とよびます。

それでは望ましい仮定が満たされない場合はどうなるのでしょうか。誤差項の分散が均一という仮定が満たされない場合と、誤差項どうしに相関がある場合は効率性が失われます。このケースでは不偏性や一致性は満たされるので、推定値自体は正しく推定されます。

一方で、誤差項と説明変数が相関している場合は、一致性が満たされません。

サンプル数を増やしても真の値に収束しないことを示しており、正しい推定量が推定できない可能性が高いです。

ガウスマルコフの定理には含まれませんが、説明変数どうしに相関がある場合は、多重共線性が生じ、係数が不安定になります。

▼図表　最小二乗法の仮定と仮定が成り立たない場合

仮定	仮定が成り立たない場合				
	不偏性	効率性	一致性	問題	対処法
誤差項の分散が均一	○	×	○	不均一分散	ホワイト標準誤差、加重最小二乗法
誤差項どうしが無相関	○	×	○	誤差項の自己相関	コクランオーカット法
誤差項と説明変数が相関していない	○	○	×	説明変数の内生性	操作変数法など
説明変数どうしが相関していない	○	○	○	多重共線性	変数をまとめる

<h1 align="center">第2章の課題</h1>

東京の7月の気温の平均、標準偏差

第1章の課題（P.44）の続きです。2023年7月の気温は、記録的な暑さでした。

気象庁のホームページから1875年から2023年までの東京都の平均気温のデータを入手し、平均と標準偏差を計算して下さい。

次に、Z値を計算してください。正規分布していると仮定した場合、下位から数えて、何%になるかを計算してください。

出生率低下の要因を探れ

2.8（P.74）で使った例です。内閣官房では、「地域少子化・働き方指標」を公表しています。2015年に第1版が発表され、2022年に第5版が発表されました。その中の少子化関連指標を使って、少子化の原因を探ってみましょう。

被説明変数を合計特殊出生率、説明変数を女性の未婚率（女性：25歳～39歳）と有配偶出生率（15歳～49歳）とします。

消費関数と投資関数

経済理論は現実を表していかどうかを投資関数で調べてみましょう。第1章では消費関数について計算しました。

民間企業設備投資は、金利の減少関数です。決定係数とt値を調べて、消費関数とどちらが当てはまりがよいか調べてみましょう。

被説明変数は、実質民間設備投資、説明変数は国内銀行約定平均金利とします。

$$投資 = \alpha + \beta \times 金利$$

第3章

式の工夫

さまざまな式のある村

 この村には、小さな図書館があってね。書物や巻物が収められている。
巻物には、さまざまな式が書かれているんだよ。

 わぁ～！ ちょっと見ちゃおう。
ふむふむ、これは普通の式だよね。見覚えがある感じ。

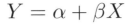

$$Y = \alpha + \beta X$$

 そう、シンプルで基本的な式だ。これは**線形関数**だね。

 線形…。ううむ、聞いたことがある
ような、ないような…。

 線形は「比例する関係」のことだよ。
線形という名のとおり、このように
グラフも**直線**になる。

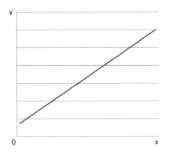

 あっ、そういえば以前のリンゴの話。
木の数が増えると、収穫量も増えていたよ。
ああいう比例関係は、単純でわかりやすくていいよねー。
散布図を描いたときも、変数どうしが直線状に並んでたね（P.21）。

うん。そして「比例以外の全ての関係」は、非線形というよ。

グラフも、直線ではなくて、**特徴的な形の線**になる。

変数の関係…つまり関数には、色々なものがあるんだ。

 へえ。どんなのがあるんだろ…？

 例えば、この巻物を見て。式とグラフが書いてある。

これは直線でなく、**双曲線**のグラフだね。

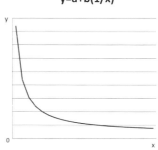

y=a+b(1/x)

$$y = \alpha + \frac{\beta}{x}$$

 おおっ！ この式は、X が分母にあるね。

X が増えると Y が急激に減っちゃう。こういう変数の関係もあるんだ。

 ねえ見て！ こっちの巻物には、いかにも難しそうな式が書かれてるよ。

$$Y_i = \frac{S}{1 + e^{-(\alpha + \beta X_i)}}$$

 ああ、これは**ロジスティック曲線**だね。

 ひえ～！ きっとグラフも変わった形なんだろうね。どんなときに使うの？

 普及率などを推定するのに便利だよ。

また、被説明変数が 1 と 0 しかない場合は、この式を応用すればうまく推計

できるんだ。

対数の魔法で、巨人と仲良くなれる

 向こうには、巨人の国というものがあるらしいぞ。行ってみよう！

<<< やあ。みなさん、ようこそいらっしゃいました >>>

 こ、こ、こんにち…は……。（想像以上にデカい…。上空から声が響く…）

 ちょっとちょっと、勇者アオイ！ 私の後ろに隠れないでよ〜！

 だって、みんな大きくてサイズが違いすぎるよ。ちゃんと話がしたいけど、話もしづらいなぁ…。ねえねえ、巨人を小さくする魔法はないの？

 縮尺の魔法というものがあるけど、全員にしかかけられないな。

 そうすると、巨人たちは皆小さくなるけど、僕たちも同じように小さくなるってことだよね。他にはない？

 だったら、**対数の魔法**を使うといいよ。対数は大きな数字を小さくするけど、もともと小さい数字はそれほど小さくならないからね。
巨人は小さくなるけど、私たちはそれほど小さくならないよ。

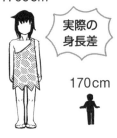

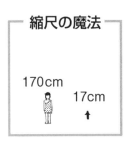

 なるほど、それなら話ができるね〜！ 高校で習った対数…。log とか出てきてややこしかったけど、意外なとこで役立つんだなぁ…。

弾力性が、高い場合と低い場合

 回帰式に対数をとると、色々と便利なんだ。
基本の式に「**タイスウセンケイ（対数線形）**」の魔法をかけてみるよ。

$$Y_i = \alpha + \beta X_i + u_i$$

 タイスウセンケイ！

$$\log(Y_i) = \alpha' + \beta' \log(X_i) + u_i'$$

 ほら。これで、説明変数が対数の回帰式になった。
対数にすると、大きさが平準化されるので、不均一分散の解消に役立つ。
また、もう1つ別のメリットもある。β' が**弾力性**を表すということだ。

 ん？ 弾力は普通に使う言葉だけど、数式では一体どういう意味なんだ…？

 弾力性は、「X が1％増えたときに、Y が何％増えるか？」を表しているよ。
色んな種類のボールで実験してみよう。
弾力性が強いボールは、投げた速度と同じくらいの速さで返ってくるでしょ。
なんなら、投げた速度よりも速くなるボールだってある。
これがいわば「X が1％増えたとき、Y が1％以上増える」ような場合だね。
弾力性（弾力値）が1を超えている。

 でもね。こっちのボールは、弾力性がほぼゼロ。
さあ、投げてみて。

 えいっ！ ……あれ？ ボールがほとんど跳ねないね。
まるで普通のボールを低反発性の枕に落としたときみたい…。

 そうだね。イメージ的にはそういう感じ。
投げた速度よりもかなり速度が落ちる。これが弾力性が低い場合だ。
「X が1％増えても、Y はあまり増えない」ということになるよ。

サンプル・セレクション・バイアス

 わあ、大きな果物屋さんがあるー！
色んな果物が並んでて活気があるね。

 いらっしゃいませ、こんにちは。
今、アンケートを実施中なんです。
好きな果物を教えて頂けませんか？

 はーい！ 私はイチゴが大好きです。

 僕はスイカだね。涼を感じるよ。

 ……私はレモン。それにしても、アンケートとは商売熱心で感心だね。

 ええ。いつもアンケートを採ってるんですが…。でも、それほど売上につながらなくて困ってるんですよ…。

 ふうん。**サンプル・セレクション・バイアス**というものだね。

 何それ？ バイアスって確か「偏り」や「先入観」みたいな意味だよね。

 うん。アンケートを採ってる相手は、「果物を買いに来た人」でしょ。
「買いに来ない人」との間で果物の好みが違えば、結果が変わってしまう。

 あっ、そうか！ むしろ買いに来ない人の好みを聞いて、その果物を揃えるほうが売り上げにつながりますね。

 でも、買いに来ない人にアンケートするのは、難しそうだなぁ…。

 「**逆ミルズ比**」という魔法を使えば解決するよ。果物屋に行きたい気持ちの違いが、変数になっている。これを使えば、果物屋に来た人だけのデータだけからでも、全体の傾向がつかめるんだ。

3.1 式の形とモデル

　この章では式の形について考えます。回帰分析は、被説明変数と説明変数の間に関係を付けるものですが、そもそもどうやって変数を選ぶのでしょうか。

　現実の世界を数式などの簡単な形で表したものを**モデル**とよびます。計量経済学では、経済理論から出発して式を組み立てます。経済理論を用いて式を作ったものを経済モデルとよび、式の形が決まります。

　式の形にはバリエーションがないように見えますが、線形回帰モデルという枠組みのなかでも、さまざまなバリエーションのある推定が可能です。

　次の式は、説明変数が2つある場合の式です。

$$Y_i = \alpha + \beta_1 X_{1i} + \beta_2 X_{2i} + u_i$$

　係数の値が他の研究によってわかっている場合があります。例えば β_2 は1とわかっているとします。この場合は、β_2 に1を代入し、左辺を持ってくることで推定することができます。

$$Y_i - X_{2i} = \alpha + \beta_1 X_{1i} + u_i$$

　2つの係数の和が1になるようにしたい場合もあります。$\beta_1 + \beta_2 = 1$ の制約をかける場合です。この場合も元の式に代入することによって推定ができます。

$$Y_i = \alpha + \beta_1 X_{1i} + (1 - \beta_1) X_{2i} + u_i = \alpha + \beta_1 (X_{1i} - X_{2i}) + X_{2i} + u_i$$

　被説明変数を $Y_i - X_{2i}$、説明変数を $X_{1i} - X_{2i}$ とすれば、α と β_1 が推定できます。

$$Y_i - X_{2i} = \alpha + \beta_1 (X_{1i} - X_{2i}) + u_i$$

3.2 さまざまな式の形

　最小二乗法の基本形は、1次式（線形）を想定しています。XとYの散布図を描くと直線状に並んでいることを表します。次数は、Xを何個かけ合わせているかを表します。Xを使っていれば1次式で、X^2を使っていれば2次式です。

$$Y_i = \alpha + \beta X_i + u_i$$

▼図表　線形

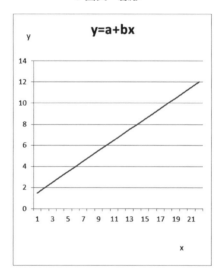

　線形回帰の特別な場合に**原点回帰**があります。これは、定数項を使わずに推計するもので、原点（ゼロ）を通ります。

$$Y_i = \beta X_i + u_i$$

　$X_i{}^2$を使った2次式も最小二乗法で推定できます。X_iを使って$X_i{}^2$は計算できるので、それを説明変数として使います。

$$Y_i = \alpha + \beta_{1i} X_i + \beta_{2i} X_i^2$$

2次関数は、放物線を表します。最大値や最小値を持つデータも、2次関数を使えば推定できます。

一方 X の**逆数**を使った計算もできます。逆数とは $1/X_i$ のことです。こちらも X_i を使って $1/X_i$ を計算してそれを説明変数とすれば、最小二乗法で係数が推定できます。

$$Y_i = \alpha + \beta \left(1/X_i \right)$$

これは**双曲線**の形になります。双曲線は、一方が増えると他方が減るような関係を表し、反比例のグラフを表します。

対数線形について説明します。被説明変数と説明変数を対数にして回帰するものです。対数線形で回帰すると、係数が弾力性を表すという便利な特徴があります。

$$\log \left(Y_i \right) = \alpha + \beta \log \left(X_i \right)$$

金利や成長率など比率の変数を含む場合、比率の変数は対数をとらずそのままにして、そのほかの変数を対数にする**半対数線形**もあります。

また、時系列データでは対数の階差をとった対数階差で推計することもよくあります。これは定常化にかかわる問題で、第5章で説明します。

最後に**ロジスティック曲線**を紹介します。被説明変数が0か1しかとらない場合に使います。就職している場合を1、就職していないを0とするなどカテゴリー変数のデータの場合です。X を小さい方から増やしていくと、最初はゼロに近く、大きくなるにつれて、0から1へと増えていき、大きな値になると1に限りなく近づくという形になります（詳しくは3.8 P.103で解説します）。

次ページの図表は、代表的な変形法をまとめたものです。

▼図表　さまざまな式の形

原点回帰

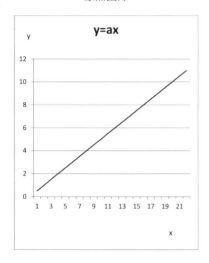

2次曲線

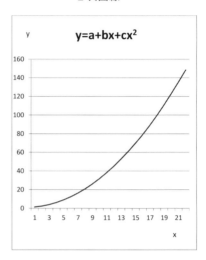

双曲線

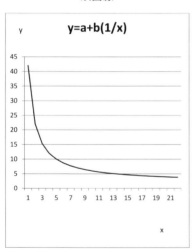

対数線形

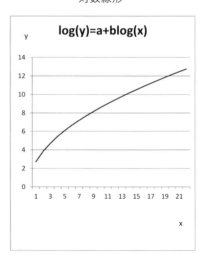

3.3　定数項なしの推定

　1次式の推定の場合、**定数項がない推定**（原点回帰）を考えることができます。以下のように定数項がない場合です。

$$Y_i = \beta X_i$$

　定数項のない場合でも、誤差の二乗和を最小にするという原則に従って、係数を導きだすことができます。予測にこれを使うのは、X の符号と Y の符号を一致させたい場合です。

　グラフで書くと原点を通るグラフになります。定数項がある場合より誤差は大きくなるので、定数項がないことが明らかにわかっている場合以外は定数項を付けておく方が無難です。

　実質 GDP の前期比を、景気動向指数 CI（一致系列）の前期比から推定することを試みてみましょう。季節調整済み実質 GDP 前期比伸び率を横軸、景気動向指数 CI の一致系列の前期比を縦軸にして散布図です。

　CI の前期比がプラスに動いたときに、GDP もプラスに動くようにするためには、定数項をゼロにすればよいです。散布図をみても、定数項がない推定（原点を通る推定）でも問題はなさそうです。

▼図表　GDP 伸び率と景気動向指数 CI の伸び率

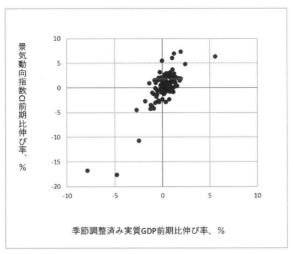

（出所）内閣府『国民経済計算年報』、内閣府『景気動向指数』

Excel のデータ分析で、定数項を外して推計するには、回帰分析の画面で「定数に 0 を使用」にチェックを入れます。

結果は以下の表になります。自由度修正済み決定係数は 0.63 でそれほど高くはないですが、CI の前期比にかかる係数は 1% 水準で有意です。実質 GDP 成長率の前期比と CI の前期比との関係は以下の式になります。

$$\text{実質 GDP 前期比伸び率} = 0.32 \times \text{CI 前期比伸び率}$$

次は Excel の「分析ツール」より推定したものです。

▼図表　GDP と CI の回帰分析結果

被説明変数：実質GDP				
	係数	標準誤差	t	P-値
切片	0	#N/A	#N/A	#N/A
CI	0.318002	0.02236887	14.21626	4.34E-27
重決定 R2	0.637341	F値		202.102
補正 R2	0.628645	P値（F値）	5.26E-27	
観測数	116			

3.4 2次式の推定 (スマイルカーブ)

X^2 を含む **2次式** を推定する例として、スマイルカーブを紹介します。説明変数として X に加えて X^2 を使うと、2次曲線の関係があるものも推計できます。

$$Y_i = \alpha + \beta X_i + \gamma X_i^2 + u_i$$

スマイルカーブとは、笑ったときの口のように、両端は高く真ん中が低くなった曲線のことを言います。下に凸の2次関数のグラフですね。

下のグラフは横軸に年齢、縦軸に幸福度をとったグラフです。これは仮想値で作っていますが、「多くの国で幸福度は18歳以降低下を続けるが、47歳ころに底を打ち、82歳以上で幸福度が最高になる」という現象を表したものです。ジョナサン・ラウシュの著書「ハピネス・カーブ 人生は50代で必ず好転する」を参考にしています。

▼図表 スマイルカーブ

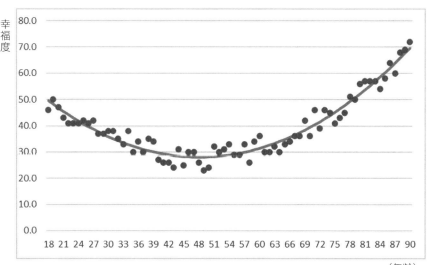

▼図表　スマイルカーブの推定結果

被説明変数：幸福度				
	係数	標準誤差	t	P-値
切片	83.06055	2.330688	35.63777	1.31E-46
x	-2.28652	0.094548	-24.1838	1.04E-35
x2	0.023749	0.000862	27.53727	2.74E-39
重決定 R2	0.937594	F値		525.8428
補正 R2	0.935811	P値（F値）	6.81E-43	
観測数	73			

　推定結果は上記のようになりました。自由度修正済み決定係数は 0.94、X の t 値は -24.2、X^2 の t 値は 27.5 で統計的に有意です。F 値の P 値もほぼゼロです。

　推定した式は以下の式となります。

$$Y_i = 83.1 - 2.29X_i + 0.02X_i{}^2$$

3.5 トレードオフを表すグラフ（双曲線）

　経済学では**トレードオフ**の関係にあるものを扱います。例えば、フィリップスカーブです。物価と失業率の関係で、物価が上がる場合は景気が良いので失業率が下がります。物価を下げようとすると、失業率が上がることになります。

　こうした関係を推計するには以下の双曲線を推定することになります。この場合、漸近線は $Y = a$ と $X = c$ になります。

$$Y_i = a + \frac{b}{X_i - c}$$

▼図表　フィリップスカーブの推定

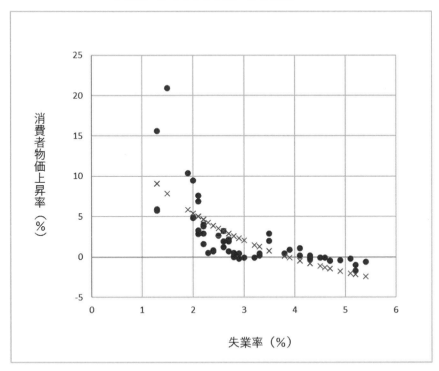

（出所）総務省『消費者物価指数』、総務省『労働力調査』

残念ながらこの式をこのまま最小二乗法で推計することはできません。うまく1次式に変形できないからです。このため、X軸の漸近線を決めたうえで、回帰式を変形します。例えば、cを-2として、$1/(X_i+2)$を説明変数とすると、以下のように最小二乗法でaとbが推定できます。

$$X_i = a + b \times \frac{1}{X_i + 2}$$

　Y_iを消費者物価上昇率、X_iを失業率として推定しました。推定期間は1974年度から2022年度です。自由度修正済み決定係数は0.53でそれほど高くありません。グラフには推定値を×印で示していますが、曲線なので当てはまりがよくないです。消費者物価が非常に高かった第1次オイルショック期（1973年度、1974年度）を追うのは難しいのかもしれません。

　切片のt値はマイナス6.2となり1％水準で有意です。$1/(X_i+2)$に係る係数は、68.3でt値は7.62となり1％水準で有意です。

▼図表　フィリップスカーブの推定結果

被説明変数：消費者物価指数（前年比）

	係数	標準誤差	t	P-値
切片	-11.6563	1.88646625	-6.17891	1.15E-07
1/(x+2)	68.34944	8.96718589	7.622173	6.41E-10
重決定 R2	0.537455	F値	58.09752	
補正 R2	0.528204	P値（F値）	6.41E-10	
観測数	52			

3.6 対数線形

説明変数、被説明変数ともに対数をとるものを**対数線形**とよびます。X の対数とは、$e^a = X$ の関係があるとき、a のことを指します。対数の底は e（ネイピア数）を使うことが多く**自然対数**とよばれます。$e = 2.71\cdots$ のことです。以下では断りなく対数と書いたものは自然対数のことです。

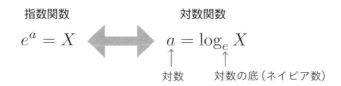

指数関数

$$e^a = X$$

対数関数

$$a = \log_e X$$

対数　　対数の底（ネイピア数）

対数で表すと、変数の大小を圧縮して示してくれます。1 の対数はゼロ、1000 が 6.9、1 億でも 18.4 になります。大きな数字が圧縮されることで、データが扱いやすくなります。

対数線形は被説明変数と説明変数の両方を対数にして推定するものです。係数は弾力性（弾性値）を表します。弾力性とは、X が 1% 増えたときに、Y が何 % 増えるかを表したものです。対数線形は、回帰分析でよく使う手法で、非常に便利なものなので覚えておきましょう。

対数線形にすると、被説明変数や説明変数の単位に関係なく係数は弾力性を表すので、非常に便利です。Y や X が 100 万円単位で表されていても、10 億円単位で表されていても、あるいは Y と X で単位が違っても、同じ弾力性が計算できます。

対数階差もよく使われます。もとの系列の対数をとり、その前期との差をとったものです。近似的には対数階差＝前期比伸び率です。非定常系列を定常系列にするために、階差をとることが多いですが、対数階差をとって定常化しても問題ないです。

3.7 対数線形の係数が弾力性になる理由

なぜ**対数線形**の係数が**弾力性**になるのかを式を変形して説明します。高校数学程度の微分についての知識が必要になります。微分とは、X のわずかな動きに対して Y がどのように動くかを記したもので、関数 $f(X)$ の微分は $f(X)'$ と表します。

$f(X)'$ は $\dfrac{dY}{dX}$ とも表します。d は微分 (differential) の d です。対数が使われるのは対数の微分が逆数になり、便利だからです。$\log(X)' = \dfrac{d \log(X)}{dX} = 1/X$ になります。

対数線形は以下の式で表されます。

$$\log(Y) = a + b \log(Y)$$

X で微分します。定数項はなくなります。

$$\frac{d \log(Y)}{dX} = b \frac{d \log(X)}{dX}$$

左辺に dY/dY をかけて、順序を入れ替えます。
右辺には、微分の公式 $d \log(X)/dX = 1/X$ を使います。

$$\frac{d \log(Y)}{dY} \times \frac{dY}{dX} = b \frac{1}{X}$$

微分の公式 $d \log(Y)/dY = 1/Y$ を使います。

$$\frac{1}{Y} \times \frac{dY}{dX} = b \frac{1}{X}$$

順序を入れ替えて、b についての式にします。

$$b = \frac{dY/Y}{dX/X}$$

これで、X の伸び率 (dX/X) に対して、Y の伸び率 (dY/Y) がどれくらい増えるのかを表している式であることがわかります。

3.8 ロジスティック曲線

最も単純な**ロジスティック曲線**は以下の式で表されます。eはネイピア数で、2.71… を表します。e^{X_i}は**指数関数**で、X_iが増えると急激に増えていきます。

ロジスティック関数はさまざまな形で描けますが、2番目の式を見てましょう。

$$Y_i = \frac{e^{X_i}}{1+e^{X_i}} = \boxed{\frac{1}{1+\frac{1}{e^{X_i}}}} = \frac{1}{1+e^{-X_i}}$$

2番目の式

X_iが小さいとき、e^{X_i}はゼロに近く、分母は大きいのでY_iはゼロに近いです。X_iが大きくなると分母は小さくなり、Y_iは大きくなります。しかし最大でも1です。

▼図表　指数曲線とロジスティック曲線

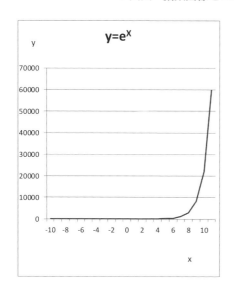
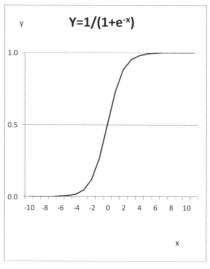

上記は飽和点（それ以上増えない点）が1の場合ですが、飽和点をSとし、X_iを一次式にすれば、以下の式になります。

$$Y_i = \frac{S}{1 + e^{-(\alpha + \beta X_i)}}$$

　被説明変数がロジスティック曲線に従う場合は、これを使って予測することができます。式を変形すると以下のように、右辺が線形となり、最小二乗法で推定できます。

$$Z_i = -\log\left(\frac{S - Y_i}{Y_i}\right) = \alpha + \beta X_i$$

　再生エネルギー（水力発電除く）の一次エネルギー供給比率がロジスティック曲線に沿って増えるとどうなるかを予測してみましょう。推定期間は 2005 年度から 2021 年度です。

　まず被説明変数 Z_i を計算します。S は飽和点なので、100％とします。Excel の関数では、$-\ln((100 - \mathrm{Yi})/\mathrm{Yi})$ を計算すれば被説明変数が計算できます。説明変数は西暦の年（2005,…,2021）とします。経済産業省資源エネルギー庁の『総合エネルギー統計』を使っています。

　α と β を最小二乗法で求めます。

▼図表　ロジスティック曲線の推定

被説明変数：再生エネルギー供給比率				
	係数	標準誤差	t	P-値
切片	-206.69	12.057044	-17.1427	2.91E-11
年	0.098647	0.0059896	16.46984	5.15E-11
重決定 R2	0.947599	F値	271.2557	
補正 R2	0.944106	P値（F値）	5.15E-11	
観測数	17			

サンプル数は17、自由度修正済み決定係数は 0.95 で、年に係る係数は 5% 水準で有意です。

この $\alpha = -209.14$、$\beta = 0.10217$ を使って、Z の推定値を計算します。次に、Y を求めるための計算をします。以下の式で計算できます。Excel では、$100 / (1+\exp(-1*Zi))$ で計算できます。

$$Y_i = \frac{100}{1 + e^{-z_i}}$$

2040 年まで予測したのが下のグラフになります。

▼図表　再生可能エネルギー割合の予測

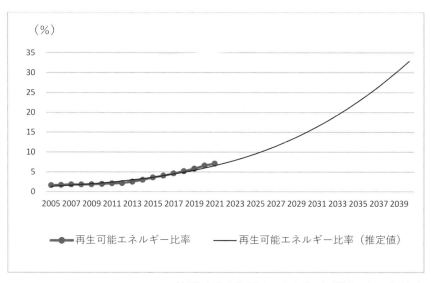

（出所）経済産業省資源エネルギー庁『総合エネルギー統計』

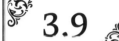

被説明変数が、就職しているかどうか、日本人かどうかなど、1か0で表されるような場合を、**質的従属変数**とよびます。2つのカテゴリーに分けるので**カテゴリー変数**ともよびます。

被説明変数がカテゴリー変数の場合、通常の最小二乗法ではうまく推定できません。最小二乗法で推定すると、直線を当てはめるので、推定値がゼロ未満になったり、1を超えたりする可能性があります。

Xが無限小のときYはゼロ、Xが無限大のときはYが1になるように変換できれば推計できそうです。

これを満たす曲線には、ロジスティック曲線や累積正規分布曲線があります。ロジスティック曲線を当てはめたものを**ロジット**、累積正規分布曲線を当てはめたものを**プロビット**とよびます。

以下の式はロジットの推定式です。式の形はロジスティック曲線と同じです。ロジスティック曲線の回帰ではY_iはさまざまな値をとりましたが、ロジットでは0か1の2値しかとりません。

$$Y_i = \frac{1}{1 + e^{-(\alpha + \beta X_i)}}$$

またこの式を書き換えると、解釈しやすくなります。Yが起こる確率をP、起こらない確率を$1-P$としたときに、$P/(1-P)$をオッズ比とよびます。Pがゼロに近ければゼロ、1に近ければ無限大になります。

オッズは競馬で使われる言葉で、買った馬券に対して的中した場合に何倍の賞金がもらえるかを示しています。ここでは、単にオッズは「確率」の意味で、その比を表したものです。ロジットはオッズ比を被説明変数にしたものと考えることもできます。

$$\log\left(\frac{p(Y=1)}{1-p(Y=1)}\right) = \alpha + \beta X$$

3.10 ロジットを使った分析

　質的従属変数の例として、景気に関する分析を示します。被説明変数として、景気後退期を 0、景気拡大期を 1 とする変数を作ります。景気後退期と景気拡大期は、内閣府が定める景気基準日付に従うものとします。説明変数は季節調整済み実質 GDP 成長率の前期比とします。ロジットは Excel では推定できないので、**gretl**（第 8 章コラム参照）を使いました。

　景気後退期のデータは前期比が低いデータが多く、景気拡大期のデータは前期比が高いデータが多いことがわかります。景気が後退期でも拡大期でもない状態になるのは、0.5 のときなので、そのときの伸び率をみるとおよそ −1％になります。前期比が −1％を下回ると景気後退期になる可能性が高いことがうかがえます。

　とはいえ、グラフを見ればわかるように、−1％を上回っていても景気後退期のときもあれば、−1％を下回っていても景気拡大期のときもあります。実質 GDP の伸び率以外の要因が景気判断には必要だということが言えます。

▼図表　景気拡大期の確率

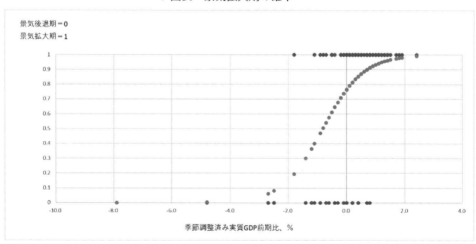

（出所）内閣府『国民経済計算』、内閣府『景気基準日付』より筆者推計

　質的選択モデルの応用として、トービットとヘーキットについて説明します。トービットは、サンプルは集められるけれどある水準で頭打ちになるようなデータの場合、ヘーキットはサンプルが全て集められず、サンプルに偏りがある場合に使います。トービットは、経済学者トービンが考案したもので、ヘーキットは経済学者ヘックマンが考案したものです。

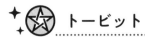 **トービット**

　トービットを適用する例としてよく使われるのは、サッカー選手が試合に出た時間数です。プロのサッカー選手といえども、試合に出られるのは一握りの人たちです。このため、多くの試合に出ないサッカー選手の試合出場時間数はゼロとなります。試合に出た人の時間数は観察できても、試合に出なかった選手の実力は測れないのです。このようにある水準でデータが得られなくなるものを**切断されたデータ**とよびます。

　試験を例にして、切断データについて考えてみます。数学の真の実力がわかっていたとします。通常の試験では、ある程度ばらつきはあるものの実力に応じた点数となるでしょう。

▼図表　真の実力と試験の結果

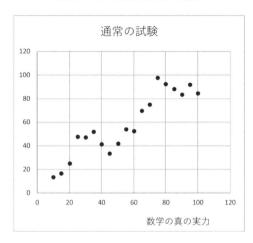

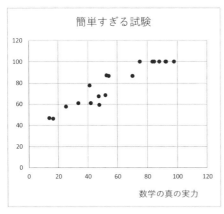

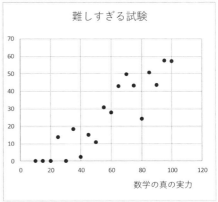

　しかし、簡単すぎる試験では、100点が続出してしまいます。100点でデータが切断されてしまうということです。100点が続出すると、その中で誰が本当の実力があったのかがわからなくなります。

　一方、難しすぎる試験でも同様のことが起こります。実力がない人の何人かが0点をとり、その中での順位がわからなくなります。

　こうしたことを考慮せずに回帰分析を行うと、正しい係数が推定できません。通常の試験の場合は係数が0.87です。簡単すぎる試験では0.66、難しすぎる試験では0.68となり、通常の試験で指定するよりも低めの係数となってしまいます。

▼図表　試験の推計結果

通常の試験		係数	標準誤差	t	P-値
	切片	10.40873	5.546738	1.87655	0.077854
	真の学力	0.872914	0.090277	9.669241	2.53E-08

簡単すぎる試験		係数	標準誤差	t	P-値
	切片	42.90059	3.748426	11.44496	2.07E-09
	真の学力	0.660577	0.061009	10.82762	4.77E-09

難しすぎる試験		係数	標準誤差	t	P-値
	切片	-11.6628	4.502573	-2.59025	0.01906
	真の学力	0.680366	0.073283	9.284109	4.55E-08

こうした切断されたデータを推定する場合に使うのがトービットになります。Excel では推定できないので、紹介にとどめますが、切断されたデータを分析する際には気を付ける必要があります。

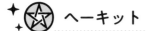 ヘーキット

ヘーキットモデルは、サンプルに**セレクション・バイアス**がある場合に使います。「成功したベンチャー企業の社長にインタビューしたら、朝にコーヒーを飲む人が多かった」という事実があったとして、成功するにはコーヒーを飲むことが効果的といえるでしょうか？ 失敗したベンチャー企業の社長にもインタビューして、誰もコーヒーを飲んでなければ、そういう結論は出せますが、成功した社長だけにインタビューしても言えることは限られます。

経済学では、高齢者や女性の賃金の推計で問題になりました。例えば、高齢者には働いている人と働いていない人がいるので、働いている人の賃金だけを集めたデータでは不十分です。しかし、働いていない人にアンケートをしても、収入がゼロだということがわかるだけです。

ヘーキットでは、働いている人の中でも「働く可能性」が違うと考え、「働く可能性」が高いと小さくなる**逆ミルズ比**という指標を作ります。これを説明変数に加えることで、働いていない人の賃金部分を補正します。

ヘーキットモデルは 2 段階で推定をしています。

1. 働くかどうかをプロビットモデルで推計して、逆ミルズ比を計算します。

$$Pr\left(M_i = 1\right) = F\left(\alpha + \beta Z_i\right)$$

$$逆ミルズ比 = \lambda_i = \frac{\alpha + \beta Z_i \text{ の確率分布}}{\alpha + \beta Z_i \text{ の累積分布}}$$

2. 観測される変数とともに、説明変数に逆ミルズ比を加えます。

$$Y_i = a + bX_i + c\lambda_i + u_i$$

逆ミルズ比は、データの観測されやすさを表しています。働く可能性が高いときにはゼロに近く、Y_iにはX_iの結果のみが反映されます。一方で働く可能性が低い場合は逆ミルズ比が大きくなり、$c\lambda_i$分だけY_iが補正されます。

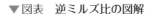

▼図表　逆ミルズ比の図解

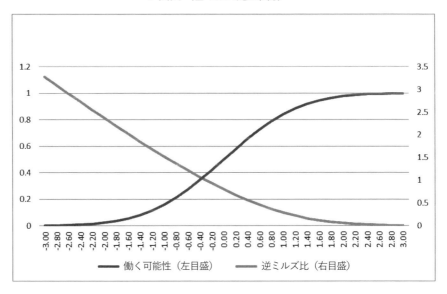

第3章の課題

生産関数

GDP の生産関数を推計してみましょう。コブダグラス型の生産関数は以下の式で表されます。Y は実質 GDP、A は全要素生産性、K は資本ストック、L は労働投入量を表します。

$$Y = AK^{\alpha}L^{1-\alpha}$$

両辺を対数にすることで推計できます。

$$\log(Y) = \alpha \log(K) + (1-\alpha) \log(L) + \log(A)$$

$$\log(Y) - \log(L) = \alpha(\log(K) - \log(L)) + \log(A)$$

$\log(A)$ の部分は全要素生産性とよばれますが、この中には時間ともに進歩する技術進歩の部分があるとすると、トレンド変数 (T) と考えることができます（トレンド変数については、第 4 章で解説します）。

Y は実質 GDP、資本ストック K は、内閣府の「固定資本ストック速報」の 2022 年 10-12 月期速報値の民間資本ストックを使いました。L は就業者数に労働力時間をかけたものとして、就業者数は総務省の「労働力調査」、労働力時間は厚生労働省「毎月勤労統計」の労働時間（5 人以上）を使います。

$$y = \log(Y) - \log(L)$$

$$x = \log(K) - \log(L)$$

として、

$$y = a + bx + cT$$

を推定します。

課題2　　　　　　　　対数線形

　総務省の『家計調査』と『消費者物価指数』を使って、タコとイカの需要の所得弾力性と価格弾力性を計算してみましょう。

　年次（暦年）データで、2人以上世帯（勤労者世帯）を使います。

　需要量は、『家計調査』のイカとタコの購入数量、実質所得は、実収入を消費者物価指数（総合）で割ったもの、価格指数は、消費者物価指数のタコとイカをそれぞれ使い、下記のように対数線形で推計してください。

$$\log(購入数量) = \alpha + \beta_1 \times \log(実質所得) + \beta_2 \times \log(価格指数)$$

　需要曲線、供給曲線は、両者が一致した点しか観察されないので、本来は区別が難しいですが、イカやタコの場合は獲れたもの全てが価格に関わらず供給される（各時点で供給曲線が垂直）と考えれば、需要曲線として推定できます。

課題3　　　　　ロジスティック曲線

　次の表は、2人以上世帯の食洗機の普及率です。ロジスティック曲線を当てはめて、2050年までの普及率を予測してみましょう。

　3.8（P.103）と同様に、計算します。説明変数は2005、2006など西暦で行います。

▼図表　食洗機の普及率

年	普及率 （食洗機）（%）
2005	21.6
2006	24.4
2007	25.8
2008	27.4
2009	28.8
2010	29.7
2011	29.4
2012	28.7
2013	30.6

2014	30.9
2015	32.6
2016	34.4
2017	32.4
2018	32.1
2019	33.8
2020	34.8
2021	34.4
2022	36.3
2023	37.1

（出所）内閣府『消費動向調査』2023年3月

113

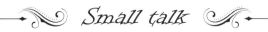

Small talk

 そろそろ暗くなってきたね。今夜はこの辺りで一泊しようか。

 はーい、賛成！ それにしても今日もよく歩いたな～。

 僕たちの旅も順調だね。あの変数の森で、キミたちと出会ったのが最初か。
あれから何日が経ったかなぁ。色々な山を見たり、アーチェリーをしたり、
巨人の国はすごかった。あれもこれも、すでに思い出がいっぱいだ。

 んん？ うーん……。

 さくら、どうしたの？ お腹でも痛い？

 （これって私がみてる夢だよね。でも、いくらなんでも内容盛りだくさんで、
長すぎる夢のような…？）

 なにか悩みごとでもあるのかい？ さあ、この僕——勇者アオイに、遠慮なく
打ち明けるといいよ。

 ……。ううん、なんでもないよ！
（夢から覚めちゃったら、計量経済学のテストだし。せっかく楽しい夢なら、
　長い方がいいよねっ）

第4章

変数の工夫

ん〜、今日もいい天気。たくさん歩いて、また新しい村に着いちゃった。
……って、あれれ？ この村にはたくさん変数が落ちてるけど。
でも、今までの変数とは、何かが違う…ような…。

 ああ。これは**ダミー変数**だね。この村には、ダミー変数を作る工房がある。
変数は、自分で作ることもできるよ。

 え〜！ ダミーって「本物の代用品」
とか「模倣品」という意味だよね。
自分で作っちゃうなんて、すごい！
一体どんなものなんだろ…？

 よく使われるのが、1と0だけで作る
ダミー変数だね。ほら、この変数も
よく見ると中身が1と0だけでしょ。

 ほぉー。でも、1と0を使うとどうなるんだ？ それで役立つのか？

 サンプルをいくつかの部分に分けて、切片や傾きを変えることができるよ。
1と0だけなのに、複雑な操作ができる。
定数項ダミーや係数ダミーなど、さまざまな使い方ができるしね。1と0の
割に色々と働いてくれるよ。

 へぇ〜！ 変数って、まだまだ知らないことがたくさんありそうだなぁ…。
他にも面白い変数はある？

 時系列データの初期から終期まで、1ずつ増えていく変数もあるよ。
1、2、3、4、5といった感じ。
これは**トレンド変数**といって、変数の上昇トレンドや下降トレンドがある場
合に、それを変数として表してくれる。
まあ、変数の世界は奥深いからね。焦らず、少しずつ学んでいこう。

今度はまた、別の村に着いたな。
んんっ？　なんだこれ。
ここに落ちてる説明変数 2 つは、
お互いに、すごく似てるぞ。

うわー、そっくりだねぇ。
相関係数を測るとかなり高そう。

とても似てるね。こういう場合は要注意だ。
似た変数を 2 つとも説明変数に使うと「**多重共線性**」という問題が起こる。
多重共線性は、**平面を支える点のばらつきぐあい**と考えることができるよ。

うぅ…。ちょっとよくわかんないかも…。

じゃあ、吊り橋に行って体感させてあげるよ。
まずは普通の吊り橋。歩くための板は広めで、橋自体も柱で支えられている
ので、しっかりしてて、それほど怖くないでしょ？
これが通常の係数のイメージなんだよ。吊り橋なので、多少は揺れ動くけど
大きくずれたりはしない。…じゃあ、次に行くよ。

うわっ！ なんだこの橋は。さっきの橋とは違って、ぐらぐら揺れてるぞ！

そう。こちらが多重共線性の吊り橋。歩く板が狭くて、ぐらぐらしてるよね。
柱で吊ってないので、橋自体も大きく動く。

こ、怖い…。めっちゃ揺れてる〜！ た、助けてマホナぁ〜！

はいはい、大丈夫だから落ち着いて。
まあ、係数がそれだけ不安定ということなんだよ。
「説明変数に相関がない」ということは、異なる要素で係数が支えられている
というイメージ。だけど、「説明変数に相関がある」と、似た要素で支えてい
るので、支えるものが 1 つ減るような感じだね。

問題が発生してしまう、不均一分散

ぷはぁー、このオレンジジュース、美味しい〜。
旅の合間のひと休みって、最高だね！

うぅ〜ん…。このジュース、なんか味が薄くないかぁ…？
あっ！ このオレンジジュース混ざってなかった。下の方がすごく濃い。
しくじったー！！

最初にちゃんと混ぜようよ〜。美味しく飲めるものをもったいないなぁ。

ああ。回帰分析でも、そういう問題があるよ。
誤差が均一に分散していれば問題ないけど、誤差のばらつきが一様でないと
推定された係数に問題が出てくる。

どういう問題が出てくるんだ？

そうだね。霧の中で、矢を打つのに似てるかな。
やってみる？ ちょうど、この村には霧が出てるし。

任せてくれ。うーむ、確かに霧が濃くなってるなあ。
まあ、なんとか的は見えるけど、ね。
……よーし、矢を放ったぞ。どうだ！？

当たったかなぁ？ どうだろ…。
霧でぼんやりしちゃって、わかりにくいんだよねぇ…。

えー、せっかく張り切って矢を放ったのに、スッキリしない反応だなあ。

これがまさに**不均一分散**の問題点だよ。
一応的が見えるので、係数はきちんと推定されるんだけど、どれくらいのバ
ラツキで推定できたのかがわかりくいんだ。

また新しい村だ〜！ ここでは、説明変数に紐みたいなものがついてるね。
なんだろう、あの紐…。尻尾みたいで少し可愛いけど、普通はないよね？

この村では、説明変数が独立ではなく、あの紐で誤差とつながってる。
説明変数の内生性とよばれる問題だよ。

うへぇ。誤差とつながってるなんて、ややこしそうだなぁ。
その内生性っていうのは、一体どういう問題なんだ？

じゃあ、また、弓と矢で実感してもらおうか。
ほら、池の小船の上に的があるよね。あれを射ってみてよ。

げっ！ あれかよ…。的が動いてるから、射るのが難しいぞ…。

でしょ。これが、説明変数に内生性があるときの問題だよ。
通常説明変数は、独立変数として確率的に動かないとされているけれど、このように揺れると、正確に係数を推定するのは難しい。

うんうん。ゆらゆら揺れてるなんて、いかにも難易度アップだよね。
そういうときはどうすればいいの？

船を動かないように、しっかり支えることが必要だよ。この役割をするのが
操作変数ということになる。

4.1 変数をどう選ぶか

回帰分析は、被説明変数を説明変数で回帰するものです。説明変数はどのように選べばいいでしょうか。経済学ではまず理論モデルを組み立てて、必要な説明変数を決める場合が多いです。さまざまな候補があるときは、自由度修正済み決定係数やAICを使い、当てはまりの良いものから選ぶという方法があります。

 ## 必要な変数がない場合の推定

必要な説明変数が入っていない場合はどうなるでしょうか。因果関係を推定する際、必要なのに説明変数に入れてない変数を脱落変数とよびます。脱落変数があると、推定値にバイアスが生じ、脱落変数バイアスとよびます。

例えば、教育を受けると年収が高まる効果を推定したい場合です。確かに就学年数が長いと年収が高いという効果があるでしょう。しかし、年収を決めるほかの要素として個人の能力があり、それが年収に影響を与えている可能性があります。しかし、個人の能力を測るのは難しく、これを説明変数にいれないと**脱落変数**バイアスが生じることになります。

▼図表　脱落変数バイアス

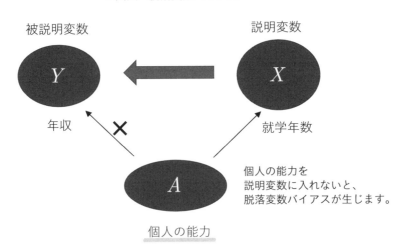

不要な説明変数を入れた場合の推定

　反対に、不要な説明変数を入れた場合は、どうなるでしょうか。この場合は、その説明変数の係数が有意にならず（係数＝ゼロという帰無仮説が棄却できない）、大きな問題は生じません。予測に使う場合も影響力が少ないので、大きな問題にはなりません。

Excel でよく使う演算子

　Excel で数値を加工するときは、数式の形で行います。かけ算は、×で表しますが、Excel では＊（アスタリスク）で表します。＋など数式と同じものもあります。

　計量経済学で対数を使う場合は自然対数の場合がほとんどなので、＝ln(X) を使います。Excel では、＝log(X) にすると、10 を底とする常用対数になるので、注意してください。

演算など	Excel	説明
足す	+	プラス
引く	−	マイナス
かける	*	アスタリスク
割る	/	スラッシュ
べき乗	^	2 の 3 乗は、＝ 2^3
平方根	=sqrt(x)	$\sqrt{X}$、$X = Y^2$ の Y
自然対数	=ln(x)	$X = e^Y$ の Y
常用対数	=log(x)	$X = 10^Y$ の Y
指数	=exp(x)	e^X
絶対値	=abs(x)	符号を外した正かゼロの値

4.2 ダミー変数とは

ダミー変数は0と1だけで作った、人工の変数のことです。一時点だけ異常値があったり、ある時点以降に制度変更があったりする場合に使います。

例えば、2019年10月だけ特別なことがあったとすると、2019年10月が1、その他は0とするダミー変数になります。

農林水産省『作物統計調査』で水稲の作付面積と収穫量を見てみましょう。期間は2000年から2021年です。2003年だけ他の年と傾向が違うことがわかります。この年は冷夏で、作付面積の割に収穫が少なかったのです。

▼図表　水稲の作付面積と収穫量

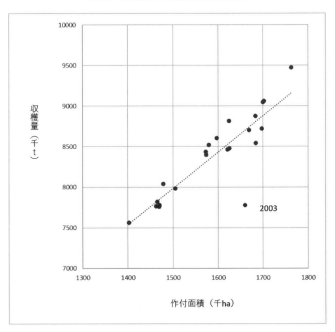

（出所）農林水産省『作物統計調査』

このような場合に、ダミー変数を使います。2003年は1、それ以外の年はゼロとします。推計結果は以下の通りです。冷夏で例年に比べ98万9000t（トン）収穫量が落ちたことがわかります。

▼図表　水稲の収穫量の推定結果

被説明変数：水稲の収穫量				
	係数	標準誤差	t	P-値
切片	812.4865	504.451539	1.610633	0.123748
作付面積	4.792574	0.31708559	15.11445	4.81E-12
ダミー変数	-989.159	150.300499	-6.58121	2.67E-06
重決定 R2	0.92862	F値	123.5905	
補正 R2	0.921106	P値（F値）	1.29E-11	
観測数	22			

 ## ダミー変数の種類

　ダミー変数にはある一時点だけ 1 とした**一時点ダミー**と、ある時点までは 0、それ以降は 1 とした**水準変化ダミー**の 2 つが代表的です。

　その他、ある季節（例えば 1-3 月）は 1、その他はゼロとする**季節ダミー**があります。0 か 1 というダミー変数ではありませんが、数値が 1 から順に増えていく**トレンド変数**もあります。

▼図表　さまざまなダミー変数

一時点ダミー

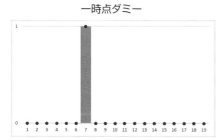

季節ダミー

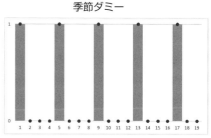

水準変化ダミー

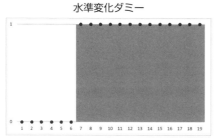

トレンド変数

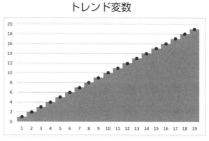

傾きが途中で変わる場合（構造変化、係数ダミー）

　経済変数の中には、**構造変化**があって、途中で傾きが変わるものがあります。これをダミー変数を使わずに推定すると、うまく当てはまりません。そこで、係数にダミー変数を使って、回帰分析を行います。

　実質GDPをトレンド変数に回帰させてみましょう。被説明変数を実質GDP、説明変数をトレンド変数として回帰すると当てはまりが悪いです。実質GDPが途中でも屈折しているためです。ダミー変数を使えば、この成長率の違いを表せます。

　ここでは91年度に構造変化があったと想定し、90年度より以前はゼロ、91年度以降は1とする、水準変化ダミー（D91）を使います。傾きが変わると、切片も変わるので、定数項のダミー変数も使います。推定期間は1955年度から2021年度までです。

▼図表　実質GDPとトレンド変数

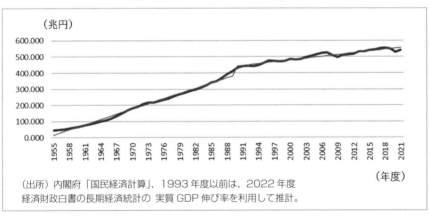

（出所）内閣府「国民経済計算」、1993年度以前は、2022年度
経済財政白書の長期経済統計の 実質GDP伸び率を利用して推計。

▼図表　GDPとトレンド変数の推定

被説明変数：実質GDP				
	係数	標準誤差	t	P-値
切片	6.175385	3.94269243	1.566286	0.122291
トレンド変数	10.70112	0.19102407	56.01977	1.85E-55
トレンド変数×D91	-7.0227	0.29024667	-24.1956	1.34E-33
D91	304.5224	12.0941505	25.17932	1.37E-34

重決定 R2　0.995838 F値　　　　　5024.656
補正 R2　　0.99564 P値（F値）　6.51E-75
観測数　　　　67

124

構造変化があったかどうかは、チャウテストという方法で確かめられます。

 ## トレンド変数と季節ダミー

　次に、季節ダミーを使った例を説明します。構造変化がなければ、**トレンド変数**と**季節ダミー**で実質 GDP の動きを再現できます。例えば、2012 年第 3 四半期から 2019 年第 3 四半期の間は、大きな構造変化がなく、新型コロナウイルス感染拡大などの影響も受けていません。

$$GDP15 = \alpha + \beta_1 Q_2 + \beta_2 Q_3 + \beta_3 Q_4 + \beta_4 TREND$$

▼図表　トレンド変数と季節ダミーで推定

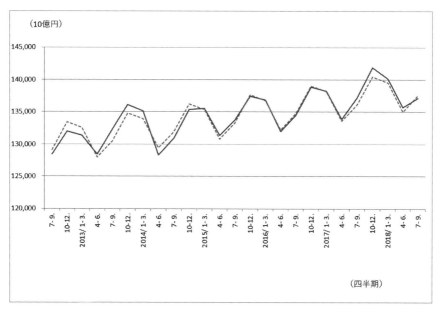

（出所）内閣府『国民経済計算年報』から筆者推定

125

▼図表　実質 GDP の推定結果

被説明変数：実質GDP				
	係数	標準誤差	t	P-値
切片	131494.3	473.769107	277.5494	1.34E-43
トレンド変数	350.5707	20.9174171	16.75975	9.47E-15
q2	-4899.11	502.453601	-9.75038	8.03E-10
q3	-2733.64	486.076848	-5.62388	8.65E-06
q4	1227.299	502.453601	2.442612	0.022319

重相関 R	0.973238	F値	107.6199
重決定 R2	0.947192	P値（F値）	5.82E-15
観測数	29		

コンジョイント分析

　説明変数が1と0になる例の応用として、**コンジョイント分析**があります。コンジョイント分析は、さまざまな評価指標のうち、回答者が何を重視しているのかが、数値でわかるものです。例えば、スイーツの特性には甘さ、低カロリー、食感などがありますが、その中で、どれが重要なのかが回答によって明らかになります。

　コンジョイント分析は以下の手順で行います。詳しくは、菅（2016）などを参考にしてください。

（1）商品に関するさまざまな特性を考える。スイーツなら、甘さ、カロリー、食感、見た目など。

（2）特性の有無についてさまざまなパターンを作り、満足度を回答してもらう。

（3）それぞれの特性について回答者の平均点を計算する。

（4）パターンごとにデータを作り、推定する。被説明変数をそれぞれのパターンの平均点、説明変数を各特性とする。特性が入っていれば1、入っていなければ0とする。

（5）係数が部分効用で、係数の2倍が重要度になる。各特性の重要度を全体に対する比率で表したものを相対的重要度とよぶ。

（6）重要度が高い特性ほど、満足度の高い特性といえる。

　ディズニーランドを楽しむポイントについて調査した例を紹介します。大学2年生11人にアンケートをとったものです。

　ディズニーランドに行ったときの楽しむポイントを、以下の4種類として

【1】アトラクション　【2】ショー・パレード　【3】限定品以外のグッズの購入
【4】限定品グッズの購入

　次ページの図表のパターンについて、それぞれ7段階評価
　＜非常に満足、満足、やや満足、普通、やや不満、不満、非常に不満＞
で点数をつけてもらいます。

例えば A さんは、パターン 1 は全ての事ができるので最も満足度が高い 7 とし、グッズの購入をしないパターン 2 については、グッズの購入に興味がないのでパターン 2 の満足度を 6 とする、といった具体に全てのパターンの満足度を回答してもらいます。

▼図表　8 つの行動パターン

パターン	アトラクション	ショー・パレード	限定品以外のグッズの購入	限定品グッズの購入
1	○	○	○	○
2	○	○		
3	○		○	
4	○			○
5				
6			○	○
7		○	○	
8		○		○

　アンケート結果を集計して、それぞれのパターンの平均点を出します。平均点を被説明変数、それぞれの行動を行った場合を 1、行わなかった場合をゼロとして説明変数を作り、回帰分析を行いましょう。パターンが 8 つあるので、サンプル数は 8 です。1 か 0 をとるアトラクション変数はパターン 1 から 4 は 1、パターン 5 から 8 はゼロです。アトラクション変数が 1 のときの満足度が高ければ β_1 が大きくなるわけです。

各パターンの満足度（平均値） $= \alpha + \beta_1$ アトラクション $+ \beta_2$ ショー・パレード $+ \beta_3$ 限定品以外のグッズ購入 $+ \beta_4$ 限定品グッズの購入 $+ u_t$

▼図表　各パターンの平均得点

パターン		平均得点	アトラクション	ショー・パレード	限定以外のグッズ	限定グッズ
1	アトラクション、ショー・パレード、限定以外のグッズ買う、限定グッズ買う	6.64	1	1	1	1
2	アトラクション、ショー・パレード	5.55	1	1	0	0
3	アトラクション、限定以外のグッズ買う	5.27	1	0	1	0
4	アトラクション、限定グッズ買う	5.91	1	0	0	1
5	なにもやらない	2.09	0	0	0	0
6	限定以外のグッズ買う、限定グッズ買う	3.36	0	0	1	1
7	ショー・パレード、限定グッズ買う	4.09	0	1	0	1
8	ショー・パレード、限定以外のグッズ買う	3.73	0	1	1	0

▼図表　平均得点と各行動の回帰分析

被説明変数：平均得点				
	係数	標準誤差	t	P-値
切片	2.306818	0.2324227	9.92509797	0.002176
アトラクション	2.522727	0.2078852	12.13519461	0.001205
ショー・パレード	0.840909	0.2078852	4.04506487	0.027198
限定品以外のグッズ	0.340909	0.2078852	1.639891163	0.199561
限定品グッズ	0.840909	0.2078852	4.04506487	0.027198
重決定 R2	0.983843	F値	45.66932271	
補正 R2	0.96230	P値（F値）	0.005084556	
観測数	8			

　自由度修正済み決定係数は 0.96 で、当てはまりは良いです。各係数の t 値を見ると、「限定品以外のグッズの購入」の t 値が 1.64 と低く、この変数の被説明変数への影響が小さいことがわかります。

　部分効用をみると、最も高いのが「アトラクション」、次に高いのは「ショー・パレード」と「限定品のグッズ購入」の 2 つです。最も小さいのは「限定品以外のグッズ購入」で、あまり重視されていないことがわかります。

4.4 説明変数に相関があると どうなるか（多重共線性）

最小二乗法が望ましい推定値になるための仮定の1つに、説明変数どうしに相関がないことが挙げられます。しかし、経済変数は多かれ少なかれ相関している場合が多く、注意が必要です。

説明変数が相関していることを**多重共線性**とよびます。共線性とは、相関があることを指し、それが複数あると多重共線性となります。英語では**マルチコリニアリティ**（multicollinearity）とよび、マルチコとよばれることもあります。

多重共線性があると、係数が不安定になり、サンプル数を変えると大きく数値が変わったり、符号が逆になったりします。標準誤差が極端に大きいと考えればよいと思います。

多重共線性があるかどうかは **VIF**（Variance Inflation Factor）でわかります。分散膨張要因という意味ですが、係数の誤差を広げる要因ということです。

変数どうしの相関があるという意味では、相関係数を見ればよいです。確かに、2変数の場合は、相関係数を見て多重共線性があるかどうかがわかります。しかし、3変数以上になると、それぞれの組み合わせを計算する必要があります。場合によっては、ある変数と他の変数2つの組み合わせの相関が高い可能性もあります。そこで、3変数 X_{1i}、X_{2i}、X_{3i} の場合、例えば X_{1i} を X_{2i} と X_{3i} に回帰してその決定係数を調べます。

$$X_{1i} = \alpha + \beta_1 X_{2i} + \beta_2 X_{3i} + u_i$$

VIF はその決定係数 R^2 を加工したもので以下の式になります。

$$\mathrm{VIF} = \frac{1}{1 - R^2}$$

決定係数が高ければ、X_{1i} が X_{2i}, X_{3i} に相関していることを表し、VIFは大きくなります。VIF が 10 よりも大きいと多重共線性があると考えます。2変数の場合で考えると、相関係数が 0.95 よりも大きいということを表します。

解決法は、説明変数の相関を減らすことです。まず考えられるのは、VIF が最も高い変数を外すことです。その変数を除いても、その変数と相関が高い別の変数が入っているので、推定結果は大きな影響を受けないはずです。

相関の高い変数2つがわかっていて、しかも両方の変数を入れたい場合は、平均をとって新たな説明変数とすることが考えられます。

こうした方法のほか、説明変数を主成分分析にかけて、主成分を説明変数にすることも考えられます。この場合は、主成分それぞれの解釈をきちんとする必要があります。

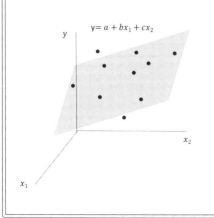
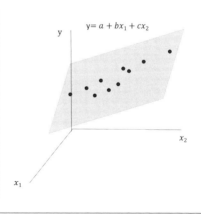

4.5 多重共線性の数値例

以下の仮想データを使って**多重共線性**の影響を見ていきましょう。サンプル数は50です。変数は以下の特徴を持っているとします。

X_{1i} と X_{2i} は高い相関関係

X_{3i} は X_{1i} と X_{2i} と低い相関関係

Y_i は $Y_i = 1 + 0.5X_{1i} + 0.5X_{2i} + 0.5X_{3i} + u_i$ で計算する。

誤差は Excel の関数で発生させた正規乱数で、NORM.INV(RAND( ),0,10) です。RAND( ) は 0 から 1 の乱数が発生させる関数です。NORM.INV 関数は正規分布の累積分布の逆関数です。

推定結果は以下の結果になりました。

▼図表　相関のある説明変数の回帰

被説明変数：Y				
	係数	標準誤差	t	P-値
切片	11.13038	1.649217104	6.748885	2.17E-08
X1	0.372471	0.221777322	1.67948	0.099839
X2	0.599661	0.221008712	2.71329	0.009343
X3	0.49996	0.000956778	522.5452	1.89E-88
重決定 R2	0.999834	F値	92386.14	
補正 R2	0.999823	P 値（F 値）	6.3E-87	
観測数	50			

X_1 と X_2 の標準誤差が X_3 に比べて大きいことがわかります。また、係数が真の値の 0.5 から外れており、X_1 は 0.37、X_2 は 0.60 です。一方、X_3 は真の値に近い0.50 が推定されています。

✦⭐ VIF の計算

VIF を計算すると、各変数は以下の結果になりました。

$$X_1 \quad 16.1$$
$$X_2 \quad 16.1$$
$$X_3 \quad\ \ 1.0$$

X_1 と X_2 は 10 を超えているので多重共線性が疑われます。そこで、多重共線性が疑われる X_2 を除いて推定すると以下の結果となります。

X_1 の係数は 0.96 となっており、X_1 と X_2 の係数の和に近い数値になっていて、標準誤差も小さいです。

多重共線性がある場合は、X_1 と X_2 の個別の係数はうまく推定されないので、どちらかの変数を落として推定する方が望ましいことがわかります。

▼図表　説明変数を減らした推計

被説明変数：Y			
	係数	標準誤差	t	P-値
切片	11.12128	1.757292	6.328648	8.55E-08
X1	0.955288	0.058805	16.24512	6.53E-21
X3	0.499634	0.001011	493.988	5.64E-89

重決定 R2	0.999807	F値	122054.2
補正 R2	0.999799	P値（F値）	4.83E-88
観測数	50		

最小二乗法の仮定の1つに、誤差が均一に分散していることがあります。

これが、満たされていないと、推計した係数は正しくても、分散が大きい可能性があります。通常の最小二乗法では t 値が小さめに計算されるので、本来有意なものを有意でないと判断する危険性があります。

不均一分散は、例えば、都道府県別の平均値を使って分析する場合です。都道府県別にそれぞれ平均している場合、サンプル数を揃えてないと、分散が異なる場合があります。ここでは、X_i が大きくなるにつれて u_i が大きくなる仮説例について説明します。

標準的な最小二乗法では以下の式が成り立っています。

$$Y_i = \alpha + \beta X_i + u_i$$

最小二乗法が望ましい推定量になるには、誤差の分散が均一であることを仮定しています。ここでは、誤差の分散が不均一になる場合を考えます。例えば、X の値に応じて、誤差が増える場合です。

u_i は平均0、標準偏差1の正規乱数（Excelでは、= NORM.INV (RAND(), 0, 1)）とします。

X_i を1から50とし、それに対応する誤差を $\varepsilon_i = X_i u_i / 10$ とします。Y_i を $1 + 0.5 X_i + \varepsilon_i$ として計算すると、X_i と Y_i の散布図は以下のようになります。X_i が大きくなると、Y_i の値は大きく上下に振れています。

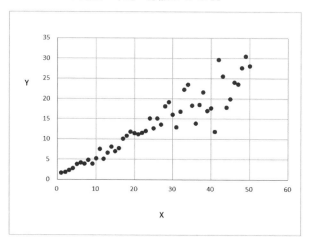

▼図表　不均一分散の Y と X

また、X_i と u_i の散布図は以下のようになり、X_i が大きくなると ε_i の分散も大きくなり、誤差が均一な分散でないことを表しています。

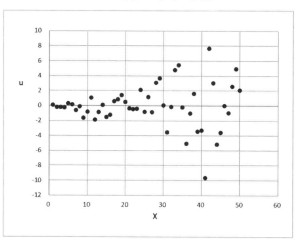

▼図表　誤差の不均一分散

　不均一分散の問題点は、係数の推定値にあるのではなく、係数の分散にあります。不偏性と一致性は満たされますが、効率性（分散が最も小さい性質）が満たされません。この場合、最小二乗法による t 値は小さめに計算されることになります。

不均一分散を考慮する注意点

- ◆ 通常の最小二乗法による係数の標準誤差は最小ではない
- ◆ 真の係数の標準誤差はもっと小さい
- ◆ 真の t 値は係数／標準誤差なので、もっと大きいはず
- ◆ 通常の最小二乗法では t 値は小さめに計算される

不均一分散の検定の1つにホワイトの検定があります。誤差項の二乗が説明変数や説明変数の二乗と相関があるかどうかを検定するものです。まず、通常の最小二乗法を適用します。

$$Y_i = \alpha + \beta X_i + u_i$$

次に誤差の二乗を定数項と $X_i{}^2$、X_i に回帰します。

$$v_i = \alpha + \beta_1 X_i^2 + \beta_2 X_i + \varepsilon_i$$

$X_i{}^2$ や X_i に係る係数が有意なら不均一分散があると判定します。
判定は $\beta_1 = \beta_2 = 0$ に関する F 検定で行います。

不均一分散に対処する方法として、標準誤差を計算しなおすという方法があります。不均一分散があったとしても、最小二乗法で推定した係数は不偏推定量で問題ありません。問題なのは係数の標準誤差なので、その計算法を工夫するということです。**ホワイトの推定量（ロバスト標準誤差）** などが考案されています。

ホワイトの推定量は、不明な誤差項の分散の代わりに推計残差の分散を使って係数を推定するものです。

通常、ホワイトの推定量の標準誤差の方が大きくなり、t 値は小さくなります。通常の最小二乗法は、効率的ではないので、標準誤差はさらに小さいものがあるはずです。しかし、真の分散の構造がわからないことを前提として、不均一分散があったとしても頑健な推定量という意味では、標準誤差は大きくならざるを得ないということでしょう。

不均一分散の原因がわかっている場合に有効なのが、**加重最小二乗法**です。例えば、冒頭の例のように、誤差が説明変数の大きさに比例している場合です。この場合、被説明変数、説明変数ともに、X_iで割れば誤差は均一分散になります。式で書けば以下のようになります。これを推計すると係数の分散が正しいものになります。

$$Y_i = \alpha + \beta X_i + u_i$$

$$\frac{Y_i}{X_i} = \frac{\alpha}{X_i} + \beta \frac{X_i}{X_i} + \frac{u_i}{X_i}$$

$$Y_i = \alpha \frac{1}{X_i} + \beta + \frac{u_i}{X_i}$$

4.7 説明変数の内生性

BLUE の条件として、「誤差項と説明変数に相関がない」がありますが、それが満たされないと、望ましい性質の1つである一致性がなくなります。

内生性を説明する前に、内生変数と外生変数について説明しておきます。経済モデルの中で、他の変数に影響されて決まる変数を内生変数、独立して決まる変数を外生変数とよびます。

一本の方程式だけを考えると、被説明変数が内生変数、説明変数は外生変数となります。しかし、説明変数が他の変数から影響を受ける場合があり、説明変数に内生性がある、という言い方をします。内生性があると、説明変数と誤差項に相関が生じます。説明変数に内生性が生じる原因として以下の例が挙げられます。

- 需要曲線と供給曲線の推定
- 同時方程式モデル
- 計測誤差がある場合
- 欠測値がある場合

 需要曲線と供給曲線

わかりやすい例は、需要曲線と供給曲線の推計です。需要曲線、供給曲線は以下のように書けます。需要は、価格が上昇すると減るので右下がりの曲線、供給は価格が上昇すると増えるので右上がりの曲線として表されます。

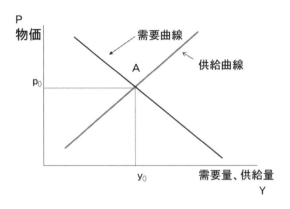

2つが直線で表されるとすると以下の式になります。需要曲線の傾きは負、供給曲線の傾きは正となります。

需要曲線　　$P_i = \alpha^d + \beta^d Y_i + u_i^d$

供給曲線　　$P_i = \alpha^s + \beta^s Y_i + u_i^s$

推定は意外に難しいです。価格と需要量・供給量のデータを得ることはできますが、取引が成立した点のデータしかわかりません。需要曲線は右下がりなので β^d は負、供給曲線は右上がりなので β^s は正という結果が必要です。しかしデータは同じですから、異なる2つの結果は出てきません。両方が混ざった β が推定されることになります。工夫をしないと需要曲線、供給曲線が推定できないことがわかります。

また、この推計式は説明変数と誤差項が相関しているケースでもあります。取引が成立するのは、需要と供給の価格が等しくなったときなので、以下が成り立ちます。

$$\alpha^d + \beta^d Y_i + u_i^d = \alpha^s + \beta^s Y_i + u_i^s$$

これを Y_i について解くと以下の式になります。

$$Y_i = \frac{\left(u_i^d - u_i^s\right) - \left(\alpha^d - \alpha^s\right)}{\beta^d - \beta^s}$$

需要曲線、供給曲線の説明変数 Y_i は、誤差である $u_i{}^d$ と $u_i{}^s$ の影響を受けていることがわかります。

計量経済モデルでは、ある式では説明変数、他の式では被説明変数になっている変数があります。こういう場合は、説明変数が内生変数となります。

消費関数と国民所得からなる、簡単なケインズモデルを考えてみます。

$$C_i = a + bY_i + u_i$$

$$Y_i = C_i + I_i$$

消費の説明変数である国民所得は、他の変数から影響を受けない外生変数ではありません。以下のように、説明変数と誤差項は相関しています。

$$Y_i = a + bY_i + u_i + I_i$$

$$Y_i = \frac{a + u_i + I_i}{1 - b}$$

 計測誤差

計測誤差がある場合は、X_i が確定的に決まらないことで、Y_i の回帰係数が小さめに推定されます。理論モデルとして以下の式が成り立っているとします。

$$Y_i = \alpha + \beta X_i + u_i$$

ただ、X_i は入手することができず、観測誤差のある $X_i^* + v_i$ しか入手することが出来ないとします。この場合、以下の式を推計することになります。

$$Y_i = \alpha + \beta \left(X_i^* + v_i\right) + u_i = \alpha + \beta X_i^* + \beta v_i + u_i$$

誤差には β が含まれているので、X_i^* と誤差に相関があることになります。

脱落変数がある場合

操作変数法が頻繁に使われるようになったのは、**脱落変数**（Omitted variables）が注目されるようになったためです。除外変数ともよばれます。

真の変数の関係が以下の式で表されるとします。X_i と A_i が原因となる変数で、Y_i に影響を与えるという式です。

$$Y_i = \alpha + \beta X_i + \gamma A_i + u_i$$

しかし、変数 A_i は観察することができず、X_i のみに回帰するしかないとします。A_i を除き X_i のみを説明変数として推定すると、A_i は誤差の部分に含まれることになります。A_i と X_i が相関していれば、説明変数 X_i と誤差項 u_i は相関することになります。

A_i と X_i は相関しており、以下の関係があるとします。

$$A_i = a + bX_i + v_i$$

この式を真の関係の式に代入すると以下の式となります。

$$Y_i = \alpha + a + (\beta + b)X_i + u_i + v_i$$

本来の係数 β は推計されずに $\beta + b$ が推定されることになります。これが脱落変数バイアスとよばれるものです

4.8 操作変数法

　説明変数と誤差項に相関がある場合、最小二乗法による推定値は、一致性を持たないものになります。しかし、**操作変数法**を使うことで、一致性のある推定ができます。以下の基本的な式から始めましょう。

$$Y_i = \alpha + \beta X_i + u_i$$

　操作変数は、u_i と相関していないけれど、X_i と相関している変数のことです。「脱落変数バイアス」がある場合について説明します。脱落変数 A_i は、Y_i と相関するとともに、X_i と相関していることで、u_i とも相関しています。

　脱落変数が X_i と相関しているのが問題なので、それを断ち切る方法を考えます。もし、A から X への相関が断ち切ることができれば、説明変数の内生性がなくなります。そこで、説明変数とは相関しているが、脱落変数とは相関していない変数を見つけ出せれば、うまく推計できることになります。これが**操作変数**です。操作変数の具体例については、第7章で紹介します。

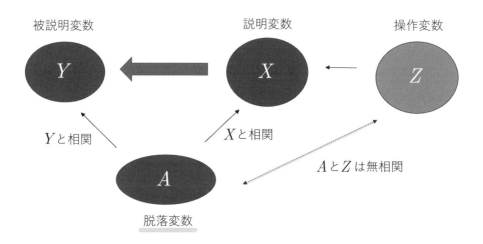

2段階最小二乗法

　操作変数法は、**2段階最小二乗法**として計算できます。被説明変数を Y_i、説明変数を X_i、操作変数を Z_i とします。

　まず、X_i に Z_i を回帰して X_i の理論値 $\hat{X}_i$ を作ります。

$$X_i = \alpha + \beta Z_i + u_i$$

$$\hat{X}_i = \alpha + \beta Z_i$$

上記式の推計結果を Y_i に回帰させます。

$$Y_i = \gamma + \lambda \hat{X}_i + v_i$$

この推定結果が操作変数法による推定値になります。

チャウテストの実例

チャウテストについては、第5章で詳しく説明しますが、GDPに構造変化があったかどうかを確認してみます。

1955年度から1989年度、1990年度から2021年度に分けて推定した場合を係数制約がない場合、1955年度から2021年度まで推定した場合を「係数が変わらないという制約」があると考えます。

Excelで推計する場合は、分散分析法の残差二乗和を見ます。下の表は、3回回帰分析を行い、自由度と残差二乗和を取り出したものです。制約のない場合の残差二乗和は2期間の残差二乗和を足したもの（4723.185 + 3483.825 = 8207.010）、制約の数は定数項とトレンド変数に係る係数の2つ、自由度は2期間の和（33 + 30 = 63）です。

分散分析表		自由度	変動
1955年度〜2021年度	残差	65	92887.15
1955年度〜1989年度	残差	33	4723.185
1990年度〜2021年度	残差	30	3483.825

これを計算すると F 値は

$$F = \frac{(92887.15 - 8207.010)/2}{8207.010/63} = 325.0177927$$

これに対応する P 値は1-F.DIST(325.0,2,63) = 0.000 となりほぼゼロです。「係数制約がある（2つの期間の係数が等しい）」という帰無仮説は棄却されることになります。

第4章の課題

 多重共線性

次の推計をするとどうなるでしょうか。変数は本文で使われていたものと同じとします。X_1 と X_2 の相関が高く、X_1, X_2 と X_3 との相関が低いです。

$$(1)\ Y = \alpha + \beta_1 \times X_1 + \beta_2 X_1$$

$$(2)\ Y = \alpha + \beta_1 \times X_1 + \beta_2 \times X_3$$

$$(3)\ Y = \alpha + \beta_1 \times X_2 + \beta_2 \times X_3$$

$$(4)\ Y = \alpha + \beta_1 \times (X_1 + X_2) + \beta_2 \times X_3$$

 賃金の推定

2020 年調査の厚生労働省「賃金構造基本調査」のデータを使って、月々の所定内給与（単位 1000 円）を調べました。大卒のデータについて、男女別、企業規模別（10 人〜99 人、100 人〜999 人、1000 人以上）にデータがあります。

企業規模について、小企業、中企業、大企業とすると以下の式で想定できます。
Excel で回帰分析をしてみましょう。

賃金 $= \alpha + \beta_1 \times$ 年齢 $+ \beta_2 \times$ 女性ダミー $+ \beta_3 \times$ 大企業ダミー
$+ \beta_4 \times$ 中企業ダミー $+ \beta_5 \times$ 年齢 $\times$ 女性ダミー
$+ \beta_6 \times$ 年齢 $\times$ 大企業ダミー $+ \beta_7 \times$ 年齢 $\times$ 中企業ダミー $+ u_i$

▼図表　年齢別賃金

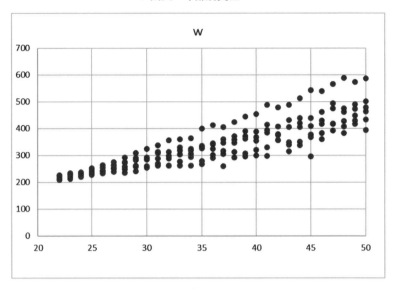

(出所) 厚生労働省『賃金構造基本調査』

課題3　　　**男女賃金に差はあるか？**

上記の推定結果を用いて、どのようなことが言えるか考えてみましょう。

【1】男性と女性について、賃金の水準に違いがあるかどうか、
　　　昇給のテンポの違いがあるかどうか。

【2】企業規模の違いによって、賃金の水準に違いがあるどうか、
　　　昇給のテンポに違いがあるかどうか。

第 5 章

時系列分析

遠くに行けない定常性、自由な非定常性

 わわっ！　この村には犬が多いね～。

 そうだね。犬好きの人が多いのかも。

 あれは野良犬かな？　川で水でも飲む
のかなぁ。
…と思ったら、森の方向に行った。
…と思ったら、こっちに来てる！？

 自由でいいよね。でも、どこに行くか予測しにくい、ともいえる。

 蝶もそうだね～。花に向かってるのかなぁと思ったら、風で飛ばされて全然
違う方向に行ったりして。

 そういう動きを**ランダムウォーク**というんだ。
厄介なのは、ランダムウォークどうしで推定すると、必要以上に結果が良く
なってしまうことだよ。
ほら、見て。これは2つのランダムウォークのデータ。

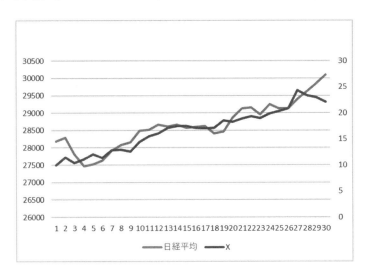

おおっ！ 2つのグラフが似てて、いかにも関係ありそうに見えるね。

1つは日経平均株価、もう1つは人工的に作ったランダムウォーク系列で、なんの関係もないんだけどね。こういう系列は**非定常系列**ともよぶんだ。
☆系列とは、時間の順序で並べた変数のことです。
特に、上昇トレンドを持つドリフト付きランダムウォークの決定係数は高くなるよ。

ふうむ。「非定常系列」…ということは、「定常系列」というのもあるのかな。非は「～ではない」という意味だからね。

勇者アオイにしては鋭いね。そう、反対は**定常系列**だよ。
試しにちょっと、犬で例えてみようか。
定常系列は、まるで「飼い主と紐でつながれている犬」だ。
飼い主から遠くには行けないよね？ 飼い主の場所が平均値とすると、その周りを動くけど、平均値から遠く離れることはできない。

なるほど。まあちょっとは動くけど、「定常」の名のとおり、常に一定の状態なわけだね。

一方、非定常系列は、まるで「飼い主がいない自由な犬」だ。
平均とは関係がない。一方足を踏み出した後、次の一方を踏み出すときに、過去の記憶は関係しない。糸の切れた凧みたいに、どこに行くか予想できないんだよ。

へ～。全然性格が違う犬……というか、全然性質が異なる系列なんだな。

経済変数の多くが非定常系列、つまり飼い主のない犬のように動くといわれているよ。非定常系列は、回帰分析でも注意が必要なんだ。

時系列データの分析、ARIMA

この辺りにはアリマ・カツラさんという、すごい占い師がいるらしいぞ。
何でも見通せる不思議な能力を持ってるそうだ。占ってもらおうかなぁ。

え〜！ 占いって楽しそう。
水晶かな、タロットかな？

ふーん。信憑性はともかく、
とりあえず行ってみようか。

──占いの館に辿り着く。

あなたが占い師のアリマ・カツラさん？ 不思議な能力を持ってるそうだね。

そうだけど、でも……。はぁ〜、やれやれ…。
あなたからは、すごい魔力を感じる。どうやら隠せ通せそうにないわね。
あのね、正直にいうと、私は不思議な能力を持った占い師なんかじゃなくて、
ARIMA モデルの達人なのよ。☆ ARIMA：Autoregressive integrated moving Arerage

んん？？　どういうこと？

私は法則を見つけるのが大好きなの。
この前は、湖で採れる魚の数を当てることができて評判になったわ。

へえ〜！ 一体どういう法則なんだ？

魚がとれる量には、以下の法則があることを発見しちゃったの。

$$X_t = 30 + 0.5X_{t-1} - 0.8X_{t-2} + u_t$$

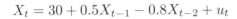

1 日前の漁獲量に 0.5 をかけたものから、2 日前の漁獲量の 0.8 をかけたも
のを引いて、30 を足すということだね。

そう。日々何年も漁獲量をつけてたら、自然にこの式が思い浮かんだの。

すごいね。何年も記録した日々の漁獲量は、立派な時系列データ（P.28）。
そんな時系列データを分析するのに有効なのが、ARIMA モデルなんだ。
ちなみに下の図は、AR(2) モデルという ARIMA モデルの 1 種だよ。

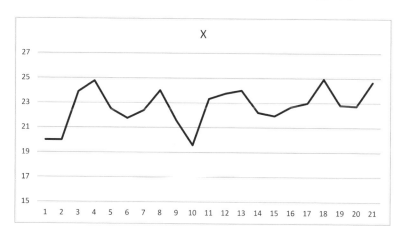

ほー。つまりアリマ・カツラさんも、法則や式や ARIMA モデルを使いこな
してるんだな。さすが、アリマっていう名前だけのことはあるね。
すごい占い師の正体もまた、計量経済学という魔法の力であった、と。
占いじゃなかったのは残念だけど、正体もわかったし、また旅へ戻ろうか。

ねえねえ。ところで勇者アオイは、何を占ってもらう予定だったの？

それは、あー…。まぁ…………秘密だ。

おっと、意外と秘密主義！？　もしかして気になる人がいて、恋愛運を知り
たいとか？　まさか…ひょっとして…マホナや私のこと！？　そういえば時々、
視線を感じるような…？　きゃー！そんなー！

あのぉ～、連れのお二人、もう出ていったわよ…？

えー！二人とも置いていかないで～！勝手に妄想して、ごめんなさい～！！

時間を活かす、グレンジャーの因果関係

ぎゃー！ 雷だ。光ったよ！！？

もうすぐ、ものすっごい音がして雷が落ちるぞ。気を付けて。

いや、もう落ちてるよ。光も音も同時に発生したけど、単に音が遅いので、光のあとに、音がやってくるだけだよ。

そうなんだ。光が原因で、音が結果というわけではないのか。

そういうこと。
ただ、「起こる順番によって因果関係を測ろう」という考え方もある。
考案者の名前をとって、**グレンジャーの因果関係**とよぶよ。

グレンジャーって、ちょっとかっこいい響きだねぇ。

経済学者の名前だよ。
直接の因果関係を導き出すわけじゃないけど、X の過去の値が、Y の現在の値に影響しているとき「X は Y にグレンジャーの因果関係がある」というふうにいう。

へえ〜。Y の過去の値が、Y の現在の値に影響するのは当然として。
X の過去の値が、Y の現在の値に影響しているのなら…、直接の因果関係ではなくとも、X と Y には何かしらの関係性を感じられるな。納得しやすい。

時系列データを分析する方法を、時系列分析というんだけど。
このグレンジャーの因果関係も、時系列分析特有の分析だね。

過去のことを考えるんだし、時間の概念をうまく利用してるんだね。
…って、また光った〜！ 早く安全なとこまで逃げよう。

5.1 時系列分析とは

第1章で説明したように、データの種類には大きく分けて時系列データとクロスセクションデータがあります。経済統計には時系列データが多く、さまざまな分析手法が開発されており、**時系列分析**とよばれています。

  # 5.2 時系列データの種類

時系列データは、周期によって分けられます。毎年発表されるデータは年次データとよばれます。

四半期データは3ヵ月ごとのデータで、1-3月、4-6月、7-9月、10-12月期に分かれます。国内総生産 (GDP) が代表的です。

月次データは、毎月発表されるデータで、消費者物価指数や失業率など経済指標に多いデータです。

日次データは、毎日発表されるデータで、対ドル円レートなどの為替レート、株価や金利のデータなど金融市場のデータが多いです。

さらに、国勢調査のような5年ごとに発表されるデータがあります。

反対に、株式の取引ごとのデータを分単位で集めた tick (ティック) データもあります。

5.3 時系列データの加工

★ 原数値

原数値とは加工をしない生の数値のことをいいます。原数値をもとに、伸び率を作ったり、季節調整値を作ったりします。

★ 前期比

前期比は、前期の値と比べたものです。月次データなら1ヵ月前の値、四半期データなら1四半期前の値です。年次データの場合は**前年比**、年度データの場合は**前年度比**とよびます。原数値を X_t とすると、以下のように表せます。

$$\frac{X_t - X_{t-1}}{X_{t-1}} \times 100 = \frac{X_t}{X_{t-1}} \times 100 - 100$$

★ 前期比年率

前期比年率は、前期比の伸び率が1年間続いたらどのくらいになるかを表します。GDP統計でよく使われます。GDP成長率は年単位で見ることが多く、前期比だとピンとこない場合があり、前期比年率が使われます。たまたまその四半期の前期比が高めな場合はかなり大きな数字になることがあります。その時点での成長率という意味で「瞬間風速」という言い方もします。

$$\left(\left(\frac{X_t}{X_{t-1}} \right)^4 - 1 \right) \times 100$$

Excelでは X の4乗はX^4と表しますので以下の式になります。

$$\left((X_t/X_{t-1})^{\wedge} 4 - 1 \right) * 100$$

 前年同期比

前年同期比は前年の同じ期と比べたものです。5月の月次データの場合、今年の5月と昨年の5月を比べて伸び率を調べます。

前期比は、短期的な動向を示す一方で大きく動きますが、前年同期比は比較的緩やかに動くので趨勢（大きな流れ）がつかみやすいです。

前年に不規則な動きがあるとその影響を受けてしまうことに注意が必要です。例えば、2019年9月には消費税率上昇前の駆け込み需要で、消費が一時的に増えました。2020年9月の前年比をみると、2020年9月に普通の消費をしていたとしても、前年が増えているので、前年同期比伸び率はかなり低いものになります。

月次データの場合は以下の式になります。

$$\frac{X_t - X_{t-12}}{X_{t-12}} \times 100 = \frac{X_t}{X_{t-12}} \times 100 - 100$$

 年平均成長率

長期的な動きを見る場合は、5年ごとや10年ごとの成長率を見る場合があります。四半期の前期比と同様、単純に5年間の伸び率をみると、ピンとこないので、年間の伸び率に計算して表示します。

例えば2000年のデータが X_{2000}、2005年のデータが X_{2005} とすると、年平均成長率は以下の式で表されます。

$$\left(\left(\frac{X_{2005}}{X_{2000}} \right)^{\frac{1}{5}} - 1 \right) \times 100$$

Excel では以下の式になります。

$$\left((X_{2005}/X_{2000})^{\wedge}(1/5) - 1 \right) * 100$$

寄与度

　寄与度は、全体の伸び率に対して、構成項目がどの程度寄与したかを表します。実質 GDP 成長率が 5% 伸びたときに、5% が国内需要（内需）と海外需要（外需）にどのように貢献していたかなどを表すことができます。GDP が内需（D_t）と外需（E_t）に分けられている場合を考えます。

$$GDP_t = D_t + E_t$$

　それぞれの前期比の寄与度は以下の式で表されます。分母が全体の値、分子が項目別の増分です。

内需の寄与度 $\quad \dfrac{D_t - D_{t-1}}{GDP_{t-1}} \times 100$

外需の寄与度 $\quad \dfrac{E_t - E_{t-1}}{GDP_{t-1}} \times 100$

　寄与度を加えると全体の伸び率になります。

$$\left(\frac{D_t - D_{t-1}}{GDP_{t-1}} + \frac{E_t - E_{t-1}}{GDP_{t-1}} \right) \times 100 = \left(\frac{GDP_t - GDP_{t-1}}{GDP_{t-1}} \right) \times 100$$

 移動平均

移動平均は、時系列データのそれぞれの時点の前後のデータを使って平均するものです。計算する時点を中心にして前後の値で平均する場合を**中心移動平均**、過去の値だけを使って移動平均する場合を後方移動平均とよびます。

経済統計では、最新の動向を知りたいために、**後方移動平均**をとることが多いです。中心移動平均をとると、最新の値が計算できないためです。

ただ、後方移動平均の最大値や最小値は、元のデータの最大値や最小値よりも遅れてしまうことに注意が必要です。

3ヵ月中心移動平均と3ヵ月後方移動平均を式で表すと以下のようになります。

▼図表　日経平均の移動平均

（円）

32000
30000
28000
26000
24000
22000
20000
18000

20/01 20/02 20/03 20/04 20/05 20/06 20/07 20/08 20/09 20/10 20/11 20/12 21/01 21/02 21/03 21/04 21/05 21/06 21/07 21/08 21/09 21/10 21/11 21/12 22/01 22/02 22/03 22/04 22/05 22/06 22/07 22/08 22/09 22/10

日経平均株価　3ヵ月後方移動平均　3ヵ月中心移動平均

（出所）日本経済新聞社

$$3ヵ月中心移動平均 \quad \frac{X_{t-1} + X_t + X_{t+1}}{3}$$

$$3ヵ月後方移動平均 \quad \frac{X_{t-2} + X_{t-1} + X_t}{3}$$

157

階差

階差とは、前期との差のことです。Δ（デルタ）で表すことが多いです。

$$\Delta X_t = X_t - X_{t-1}$$

対数をとって階差をとったものは、対数階差とよびます。対数階差は、前期比伸び率の近似値になります。

 自己相関係数

相関係数の時系列版に、**自己相関係数**があります。変数 X_t と X_{t-1} の相関係数をとると計算できます。

変数 X_t と X_{t-1} に相関があれば、X_{t-1} と X_{t-2} の間にも相関があります。ということは、X_t と X_{t-2} の間にも相関があることになります。

X_t と X_{t-2} の相関も自己相関係数とよばれますが、X_{t-1} を介して相関している部分もあるでしょう。この部分を除いて純粋に X_t と X_{t-2} の間の相関係数を調べたものが**偏自己相関係数**です。

ラグ（元データを過去にずらすこと）を変えて自己相関係数、偏自己相関係数をグラフにしたものはコレログラムとよばれ、ARIMA モデルの次数の決定に使います。

5.4 季節性を除くには
(季節調整、季節ダミー、前年比・前期比)

　時系列データの特徴の１つは季節性があることです。３月や９月の決算期に生産や売り上げが増えたり、ゴールデンウィークやお盆には生産活動が小さくなったりします。

　季節性のあるデータは分析しにくいです。３月に売り上げが大きく増えても、増えた原因が営業活動を頑張ったためなのか、例年通りの季節性なのかの区別がつきにくいためです。

　季節性を除く方法の１つは、前年同期比をみることです。前年の同じ時期と比べて増えたか減ったかを調べます。同じ季節どうしを比べることになるので季節性を除いた分析ができます。

　もう１つは、**季節調整値**を使うことです。季節調整値とは、データから季節要因を取り除いた値ということです。

　季節調整値の基本的な考え方は、時系列を以下の４つに分割することから始まります。T をすう勢 (Trend) 変動、C を循環 (Cycle) 変動、S を季節 (Seasonal) 変動、I を不規則 (Irregular) 変動とすると、原系列 (O) は以下に分解できます。

乗法モデル

$$O = T \times C \times S \times I$$

加法モデル

$$O = T + C + S + I$$

　通常は**乗法モデル**を使いますが、在庫投資などマイナスのデータがあるものには**加法モデル**を使います。

　季節変動を除く基本的な方法は、移動平均です。計算する月の前後合わせて１年間の平均をとれば、１年分の季節性はならされます。１年間同じウエートで移動平均をすると、当月の動きを十分反映できません。そこで、当月周辺のウエートを大きくした**ヘンダーソン移動平均**が使われます。

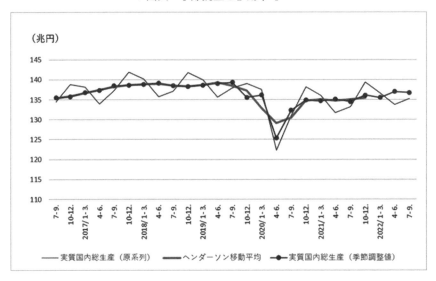

▼図表　季節調整と移動平均

（出所）内閣府『国民経済計算』

　しかし、問題もあります。中心移動平均をとるためには、その月から少なくとも半年先のデータが必要になります。最新のデータの季節調整値を作る場合、半年先のデータはわかりません。

　そこで、半年分は予測をして、中心移動平均値を作るように工夫されています。政府統計では、米国センサス局が開発した**X12-ARIMA**を使っていますが、ARIMAとは、ARIMAモデルで予測していることを表しています。

　また、移動平均では調整できないものもあります。1つは稼働日の調整です。1ヵ月あたりの休日の数が違うことはよくあります。休日には工場の稼働率が低下する一方、百貨店やスーパーの売上高が上がる可能性があります。こうした調整は移動平均ではできません。また、新型コロナウイルスの感染拡大で急激に経済が悪化した場合は、季節性でない要因として捉える必要があります。こうした部分については回帰分析を応用して調整されています。

5.5 ラグを使った推計

時系列モデルは、過去から現在に連なる変数です。クロスセクションデータとは異なり、過去の変数（ラグ変数）が使えます。ラグ（lag）とは遅れるという意味です。

回帰分析の基本式は以下です。時系列分析ということを明示するために添え字を t にしています。

$$Y_t = \alpha + \beta X_t + u_t$$

時系列分析ではある時点を推計する時にそのひと月前のデータを使うことができます。被説明変数の場合は Y_t に対して Y_{t-1} となり、説明変数 X_t の場合は X_{t-1} となります。これらを説明変数に加えるとどうなるでしょうか。

$$Y_t = \alpha + \beta_1 X_t + \beta_2 Y_{t-1} + u_t$$

被説明変数の1期前を加えた場合は上式になります。Y_{t-1} が Y_t に影響を与えるという式です。経済活動では直前の値が当期の値に影響を与えることはよくあります。この説明変数のことを**コイックラグ**とよびます。

一方で説明変数の1期前を使って推計することも考えられます。

$$Y_t = \alpha + \beta_1 X_t + \beta_2 X_{t-1} + u_t$$

式としては計算できますが、X_t と X_{t-1} の相関は高いと考えられ、多重共線性の問題が生じます。この場合は平均したものを使うなどの工夫が必要です。

これを発展させたものに**アーモンラグ**があります。長いラグをとりつつ、係数のウエートに制約をかけることにより、より少ない説明変数で推定するものです。

5.6 自己回帰モデル

次に変数が Y_t 1つしかない場合の予測法について考えます。何らかの説明変数が必要です。トレンド変数を説明変数にするという手があります。

それ以外の方法として、ラグを使うことも考えられます。コイックラグの説明変数がない形です。これを**自己回帰モデル**とよびます。自分自身に回帰するので自己回帰とよびます。1期前の値を使う場合は、**AR**(1)、2期前までなら AR(2)と表します。式では以下になります。

$$\text{AR}(1) \quad Y_t = a_0 + a_1 Y_{t-1} + u_t$$

$$\text{AR}(2) \quad Y_t = a_0 + a_1 Y_{t-1} + a_2 Y_{t-2} + u_t$$

AR(1)の場合、Y_{t-1} の値がわかれば、Y_t の値が予測できます。AR(2)の場合は、Y_{t-1} と Y_{t-2} がわかれば Y_t が予測できます。これが基本的な予測法になります。

さまざまな予測手法がありますが、AR(1)はそのベンチマーク（基準）として使われることがあります。

AR(2)の予測の図解

期間	t-2	t-1	t	t+1	t+2
実績値	X_{t-2}	X_{t-1}	X_t		
	↓	↓	↓		
t＋1予測	30＋0.5× X_{t-1}	−0.8× X_t	＝	X_{t+1}	
			↓		
t＋2予測		30＋0.5× X_t	−0.8× X_{t+1}	＝	X_{t+2}

$X_t = 30 + 0.5 X_{t-1} - 0.8 X_{t-2} + u_t$ の場合

5.7 ARIMA モデル

AR モデルを発展させたものに、**ARIMA** モデルがあります。**AR** は Auto Regression の略で、自己回帰モデルとよびます。**MA** は Moving Average の略で、移動平均モデルとよびます。I は integration の I で、差分をとることを表します。差分をとった後に、ARMA モデルを適用するものです。

AR モデルについては説明したので、MA モデルについて説明します。MA モデルは、かく乱項について過去の値をとるものです。MA（1）は以下になります。

$$\mathrm{MA}\,(\,1\,)\quad u_t = \varepsilon_t + b_1\varepsilon_{t-1}$$

$$\mathrm{MA}\,(\,2\,)\quad u_t = \varepsilon_t + b_1\varepsilon_{t-1} + b_2\varepsilon_{t-2}$$

MA モデルは、誤差項が複雑に絡み合っているので最小二乗法では計算できません。最尤法などを使います。

下のグラフは、AR（1）と MA（2）の例です。これだけ見ただけでは、どのような系列かはわからないですね。

▼図表　AR（1）系列 と MA（2）系列の例

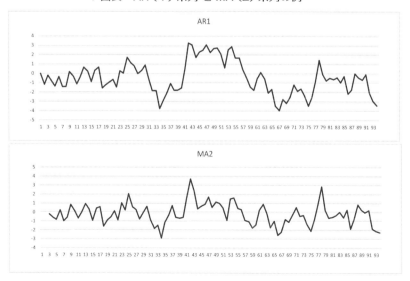

どのような次数であるかを調べる方法の1つに**コレログラム**があります。コレログラムは、1期前、2期前など過去の値と現在の値との**自己相関係数**（autocorrelation coefficient：AC）と偏自己相関係数（partial autocorrelation coefficient：PAC）をグラフで示したものです。AR（p）の場合は、偏自己相関係数のラグが p + 1 で切断され、MA（q）のときは、自己相関係数がラグ q + 1 で切断されます。

　ただ、典型的な場合以外はわかりにくいので、さまざまな次数を試して、係数が有意で、当てはまりの良いものを選ぶのが現実的です。

▼図表　AR（1）と MA（2）のコレログラム

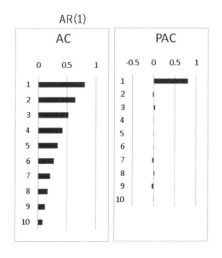

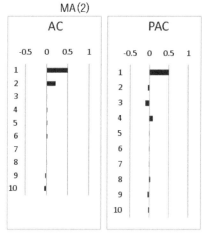

（出所）
gretl により筆者作成

5.8   日銀短観をAR推定する

日銀短観のデータを使って時系列モデルを推定します。Excel で推定できる自己回帰モデルを使います。AR（1）、AR（2）、AR（3）の3つで推定します。

Excel で推定するには、説明変数を作る必要があります。1期前の変数はセルを1つ下にずらし、4－6月期のデータの場所に1－3月期のデータが入るようにします。

AR（1）の自由度修済み決定係数は 0.8704、AR（2）は 0.9184、AR（3）は 0.9186となりました。わずかに AR（3）の決定係数が高いです。しかし、係数が有意かどうかを見ると、AR（3）では、3期ラグの係数の *t* 値が －1.19 で、5％水準で有意になっていません。

▼図表　業況判断 DI の回帰分析

AR(1)

被説明変数：業況判断DI

	係数	標準誤差	t	P-値
切片	0.262841	0.662274	0.396877	0.692004
1期前	0.931922	0.028781	32.37976	7.13E-71
重決定 R2	0.871203	F値	1048.449	
補正 R2	0.870373	P値（F値）	7.13E-71	
観測数	157			

AR(2)

被説明変数：業況判断DI

	係数	標準誤差	t	P-値
切片	0.216288	0.525439	0.411632	0.681181
1期前	1.502549	0.063644	23.60863	4.87E-53
2期前	-0.6094	0.063444	-9.60537	2.08E-17
重決定 R2	0.919457	F値	879.016	
補正 R2	0.918411	P値（F値）	5.81E-85	
観測数	157			

AR(3)

被説明変数：業況判断DI

	係数	標準誤差	t	P-値
切片	0.221103	0.524753	0.421346	0.674094
1期前	1.443898	0.080471	17.94298	1.81E-39
2期前	-0.46559	0.136602	-3.40836	0.000835
3期前	-0.0951	0.08003	-1.18835	0.236536
重決定 R2	0.920194	F値	588.0498	
補正 R2	0.918629	P値（F値）	9.64E-84	
観測数	157			

この中では、AR（2）のモデルが最も良いことになります。

このモデルを式の形で書くと以下のようになります。

$$Y_t = 0.22 + 1.50Y_{t-1} - 0.61Y_{t-2} + \varepsilon_t$$

1期前と2期前の値がわかれば、当期の予測ができます。当期の予測ができれば当期の予測値と1期前の値を使って1期先の予測ができます。このように何期先の予測でもできるようになります。先の予測になるほど誤差は大きくなります。

残差に自己相関がある場合は、最小二乗法が望ましい推定値になるための条件を満たしません。最小二乗法の仮定のうち、「誤差は互いに無相関」という条件が満たされないからです。

　残差に自己相関があるかどうかはグラフで見てもわかります。残差に自己相関があると、ランダムな動きにならず、過去の値に影響されるため数値が大きくなるとある期間大きくなり、小さくなるとある期間小さい数値が続くという動きになります。

　残差に自己相関があるかどうかは、**ダービン・ワトソン比**で調べます。

　ダービン・ワトソン比は、以下の式で近似できます。ρ は残差の自己相関係数です。

$$DW \approx 2(1 - \rho)$$

　残差に相関がなければ2となり、正の相関があるとゼロに近づき、負の相関があると4に近づきます。

　ダービン・ワトソン比は Excel の回帰分析では出力されませんが、ほとんどの統計ソフトでは出力されます。

　誤差項に自己相関がある場合は、誤差項が自己相関していることを明示した式を使うことで問題が解決でき、コクラン・オーカット法といいます。

$$y_t = \alpha + \beta x_t + u_t \qquad （1）$$

$$u_t = \rho u_{t-1} + \varepsilon_t \qquad （2）$$

　（1）式は、通常の回帰分析の式です。（2）式は誤差項の自己相関を表す式です。

　誤差項 u_t が1期前の誤差項 u_{t-1} の影響を受けることを明示しています。ランダムな変数は ε_t となります。

まず、残差 $\hat{u}_t$ と 1 期前のラグ $\hat{u}_{t-1}$ に回帰して、係数 ρ を推定します。残差の平均はゼロになるので、定数項を付けずに推定します。

（1）式と（1）式の 1 期前の式を作り、変形すると、ε_t が残差の式をつくることができます。

$$Y_t - \rho Y_{t-1} = (\alpha - \rho\alpha) + \beta'\left(X_{t-1} + \rho X_{t-1}\right) + \left(\varepsilon_t - \rho\varepsilon_{t-1}\right) \quad （3）$$

上の式を簡明に描くと以下のようになります。

$$Y_t' = \alpha' + \beta' X_t' + v_t \quad （4）$$

ただし、それぞれの変数は以下を表します。

$$Y_t' = Y_t - \rho Y_{t-1}$$

$$X_t' = X_t - \rho X_{t-1}$$

$$v_t = \varepsilon_t - \rho\varepsilon_{t-1}$$

$$\alpha' = \alpha - \rho\alpha$$

推定した ρ を使って、Y'、X'、v_t、α' を計算し、最小二乗法で α'、β' を計算します。$\alpha = \alpha' / (1 - \rho)$ で計算できます。

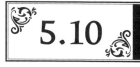

5.10 コクラン・オーカット法の実例

　四半期消費関数について、**コクラン・オーカット法**を使って推定してみましょう。本来は基本の式と残差の式を同時に推定すべきですが、まず残差の式を推定して、次に基本の式を推定する簡易版です。

　データは、季節調整済み実質 GDP と実質民間最終消費支出で、1994 年 1 – 3 月期から 2023 年 1 – 3 月期までのデータです。

　まず、実質民間最終消費支出に実質 GDP を回帰させます。回帰した結果は下記の通りです。

▼図表　消費関数の回帰分析

被説明変数：実質民間最終消費支出

	係数	標準誤差	t	P-値
切片	36242.95	8604.27588	4.212203	5.05E-05
GDP	0.485285	0.01685864	28.78555	2.18E-54
重決定 R2	0.878127	F値	828.6079	
補正 R2	0.877068	P値（F値）	2.18E-54	
観測数	117			

　サンプル数は 117、自由度修正済み決定係数は 0.88 でした。GDP に係る係数（限界消費性向）は 0.49 とわかります。

　残差のグラフは、次ページの図の通りです。残差の自己相関係数は、0.92 でした。これから計算したダービン・ワトソン比の近似値は 0.17 でした。2 が無相関なので、かなり高い正の相関があることがわかります。グラフを見ても、リーマンショックや新型コロナウイルスの感染拡大時には残差の相関があります。

▼図表　消費関数の残差

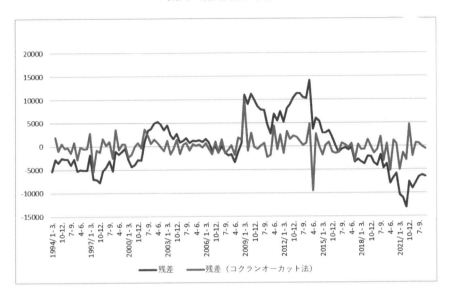

次に、残差を1期前の残差と回帰します。

▼図表　残差の回帰

被説明変数：残差				
	係数	標準誤差	t	P-値
切片	0	#N/A	#N/A	#N/A
1期前	0.917374	0.0375994	24.39861	2.76E-47
重決定 R2	0.838095	F値		595.292
補正 R2	0.829399	P値（F値）	4.53E-47	
観測数	116			

　自由度修正済み決定係数は0.83でした。残差の1期前との係数は0.92です。ρを使って Y_t と X_t を加工します。

$$Y'_t = Y_t - 0.92Y_{t-1}$$

$$X'_t = X_{t-1} - 0.92X_{t-1}$$

以下の式を推定します。

$$Y'_t = \alpha' + \beta'X'_{t-1} + v_t$$

推定結果は以下の通りです。

▼図表　残差の自己相関を考慮したβの推定

被説明変数：Y'				
	係数	標準誤差	t	P-値
切片	3841.989	1308.8289	2.93544	0.004029
X'	0.465425	0.0300747	15.47565	8.73E-30
重決定 R2	0.677507	F値	239.4958	
補正 R2	0.674678	P値（F値）	8.73E-30	
観測数	116			

　自由度修正済み決定係数は 0.67 でした。β' は 0.47 です。元の式の定数項の α は、α'／（$1-\rho$）で計算することができ、46498.49 になります。コクラン・オーカット法で推定したのは以下の式になります。

　　実質民間最終消費支出 ＝ 46498.49 ＋ 0.465425 × 実質 GDP

　P.170 の図表を見ると、残差の自己相関が少なくなっていることがわかります。

　時系列データの重要なトピックスの1つに構造変化があります。最小二乗法では、係数は時間を通じて一定と仮定しますが、実際には一定でない場合があります。消費関数では、限界消費性向が一定を仮定しますが、オイルショックなどの大きな経済的な変化の前後では係数が変わる可能性があります。このように係数が変化することを構造変化とよびます。係数が変わったかどうかは構造変化の前後に分けて推定して、係数に差があるかどうかでわかります。

　係数に差があるかどうかを正確に知るには、統計的に検定することが必要です。そこでよく使われるのが**チャウテスト**です。

　係数を構造変化前と構造変化後にそれぞれ推定したものを制約のない式、係数が期間を通じて一定と考える場合を制約がある式と考え、F 検定を行います。

【 係数制約がない式 】

　　　　構造変化前　　$Y_{1i} = \alpha_1 + \beta_1 X_{1i} + u_{1i}$

　　　　構造変化後　　$Y_{2i} = \alpha_2 + \beta_2 X_{1i} + u_{2i}$

【 係数制約がある式 】

　　　　期間全体　　　$Y_{3i} = \alpha_3 + \beta_3 X_{3i} + u_{3i}$

　F 値は以下の式です。SSR は制約のない場合の残差二乗和で、SSR' は制約のある場合の残差二乗和です。この例では制約の数は2（$\alpha_1 = \alpha_2$, $\beta_1 = \beta_2$）、自由度はサンプル数から4（α_1、α_2、β_1、β_2の推定分）を引いたものになります。

$$F = \frac{(SSR' - SSR) / \text{制約の数}}{SSR / \text{自由度}}$$

　チャウテストの具体例は第4章のP.144にあります。

5.12 グレンジャーの因果関係

時系列分析の応用に**グレンジャーの因果関係**があります。簡単に言えば、「時間の流れの中で、X_t が Y_t より先に動いてたとしたら、X_t を Y_t の原因と考える。」というものです。

相関係数や回帰分析では因果関係はわかりません。2つの変数が同じ方向に動くことはわかっても、どちらが原因でどちらが結果かを調べる方法がないためです。しかし、いつも X_t が Y_t より先に動いているとしたら、X_t が Y_t の原因の可能性が高いです。ただ、因果関係自体を検証したわけではないので、但し書きをつけて「グレンジャーの因果関係」とよんでいます。グレンジャーはこの方法を考案した経済学者の名前です。

グレンジャーの因果関係があるかどうかは、係数制約の検定を使って調べます。結果である変数 Y_t に変数自身のラグと原因となる変数 X_t のラグを回帰して、X_t のラグの係数が有意なら因果関係があると考えます。何期ラグをとるのかは、当てはまりの良さを基準として決めます。

例えば、以下のように、被説明変数 Y_t に対して、X_t と Y_t のラグを回帰させます。

$$Y_t = \alpha + \beta_1 X_{t-1} + \beta_2 X_{t-2} + \beta_3 Y_{t-1} + \beta_4 Y_{t-2}$$

X_t がグレンジャーの意味で因果関係があるとすると、β_1 や β_2 にゼロでない値が入るはずです。それを係数制約に関する検定を使って、検定します。SSR は制約のない場合の残差二乗和で、SSR' は制約のある場合の残差二乗和です。

【係数制約なし】

$$Y_t = \alpha + \beta_1 X_{t-1} + \beta_2 X_{t-2} + \beta_3 Y_{t-1} + \beta_4 Y_{t-2} + u_t$$

【係数制約あり】 $\beta_1 = \beta_2 = 0$

$$Y_t = \alpha + \qquad\qquad\qquad + \beta_3 Y_{t-1} + \beta_4 Y_{t-2} + u_t$$

$$F = \frac{(SSR' - SSR) \,/\, 制約の数}{SSR \,/\, 自由度}$$

5.13 定常系列と非定常系列

　時系列データを使って回帰分析をする場合、注意すべきなのは、定常系列と非定常系列の区別です。**定常系列**とは、平均値へ回帰していく系列です。一方で、**非定常系列**は、**ランダムウォーク**（random walk）ともよばれ、その系列がどこに向かっていくのか予測しにくい系列です。

　両者の区別が重要なのは、非定常系列を使って推定すると、推定結果が実態以上によくなるためです。決定係数や t 値に関して高い値が得られることがあります。しかし、実際には相関関係や因果関係はありません。「**見せかけの回帰**」とよばれる現象で、不適切な推計の1つになります。

　非定常系列での回帰は適当ではないので、定常系列に変換します。多くの系列は**階差**（前期との差）をとることで、定常系列になります。

　経済変数の多くは非定常系列で、1回階差をとると定常になるものが多いので、階差をとって推計することがよくあります。対数をとって階差にする**対数階差**の場合も多いです。対数をとるかどうかは、系列次第ですが、不均一分散を避けるという意味で対数階差で推計する場合も多いです。

▼図表　非定常系列の例

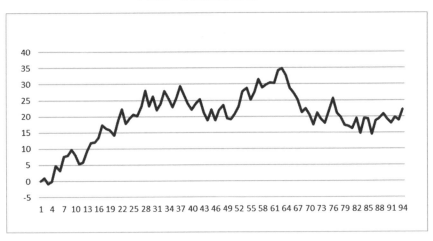

文献を読んでいると、I（1）やI（2）などの記号が出てくる場合がありますので、その説明をしておきます。階差を1回とって定常になる系列をI（1）とよびます。階差をとる回数がカッコの中に入ります。階差を2回とって定常になる系列はI（2）です。階差をとらない（階差を0回とる）で定常な系列はI（0）とよばれます。I（0）とは定常系列のことです。

　非定常系列は単位根を持つ系列ともよばれます。方程式の解（根）が1ということで、英語のunit rootを訳したものです。

　ここでいう根とは、自己回帰モデルの係数の特徴を表していて、AR（1）の場合だと、1期前の係数 a が1であるということです。根を求める方程式とは、定常性の条件を決定する固有方程式のことです。

　ランダムウォークを式で書くと以下の形です。

$$X_t = X_{t-1} + u_t$$

　定数項のついた**ドリフト付きランダムウォーク**という形もよく使います。定数項がある分、上方トレンドを持っており、経済変数に多い形です。

$$X_t = \alpha + X_{t-1} + u_t$$

　単位根を持つ系列はランダムウォークします。ランダムウォークとは酔歩過程ともよばれ、酔っ払いが千鳥足で歩いているような系列の動きを指します。

　単位根系列の式を見ていただければわかるように、次の系列を予測するために必要なのは1期前の系列と偶然による誤差のみです。過去の値が参考にならないため、予測が非常に難しいです。

　さまざまな言い方があってわかりにくいのでもう一度まとめておきます。

　非定常系列は定常系列でない系列全てなので最も広い定義です。I（1）とは、1階階差をとると定常系列になるものですが、経済系列のほとんどがこれにあたります。I（1）が非定常系列、I（0）が定常系列と考えてそれほど困りません。I（1）の代表的なものがランダムウォーク系列になります。

　見せかけの回帰に関する実験をしてみましょう。ドリフト付きランダムウォークの系列を作ります。ドリフト付きランダムウォークは以下の式で表せます。今回は、ドリフト項（定数項）を 0.5、誤差項を平均ゼロ、標準偏差 1 としており、最初の値（X_1、初期値）は 10 です。誤差項は NORM.INV(RAND(),0,1) で作ります。

$$X_t = 0.5 + X_{t-1} + u_t$$

　これに、2023 年 4 月 3 日から 2023 年 5 月 17 日までの日経平均株価を合わせてみます。一見して当てはまりがよさそうですね。日経平均もランダムウォーク系列として知られていますので、ランダムウォークどうしを回帰させることになります。

$$日経平均株価 = \alpha + \beta \times ランダムウォーク系列 + u_t$$

▼図表　日経平均株価とランダムウォーク

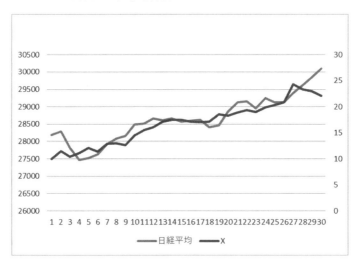

回帰分析の結果は以下の通りです。

▼図表　ランダムウォークの日経平均株価への回帰

被説明変数：日経平均株価				
	係数	標準誤差	t	P-値
切片	26178.65	210.388835	124.4298	5.84E-40
X	146.8979	12.2136039	12.0274	1.41E-12
重決定 R2	0.83783	F値	144.6583	
補正 R2	0.832038	P値（F値）	1.41E-12	
観測数	30			

自由度修正済み決定係数は 0.83 と比較的高く、X の t 値も 12.0 と高いです。

いつの時点の日経平均株価をとるかで、当てはまりの度合いは変わりますが、上昇相場の場合は、当てはまりがかなりいいです。

しかし、当然のことながら意味のある推計ではありません。系列 X は人工的に作った非定常の変数なので、日経平均と相関があるからといって何かを意味するわけではありません。また非定常系列の予測誤差は大きいので、X を使って予測することもできません。

5.15　単位根検定

非定常系列で回帰分析をするのは適当ではないです。そこで、非定常系列かどうかを統計的検定で調べる必要があり、単位根検定とよびます。

単位根検定には、通常 **ディッキーフラーテスト** を使います。帰無仮説が「単位根を持つ」なので、仮説を棄却できない場合は単位根系列である可能性があるということになります。

単位根検定の基本は以下の式を推計することです。ドリフト付きランダムウォークを変形したものです。

$$X_t - X_{t-1} = \alpha + \rho X_{t-1} + u_t$$

被説明変数は X_t の階差です。ρ ＝ゼロの検定をして有意にゼロと異ならないなら、単位根があるとします。

177

ρ がゼロかどうかの検定なので、t 値で判断できそうですが、非定常系列の場合 t 分布にならないことが知られており、分布がかなりマイナス側にずれます。そこで、臨界値についての表が用意されています。

▼図表　単位根検定の臨界値

	有意水準	サンプル数		
		25	50	100
ディッキー・フラーテスト	1%	-3.75	-3.59	-3.50
	5%	-2.99	-2.93	-2.90
通常の t 検定（片側検定）	1%	-2.50	-2.41	-2.37
	5%	-1.71	-1.68	-1.66

（注）Fuller (1995) Introduction to Statistical Time Series, Wiley-Interscience より。
　　　ディッキーフラーテストは、ドラフト付きランダムウォークの場合。

5.16　消費関数の例

　四半期別の消費関数を例にして、非定常系列について説明します。これまでは定常系列、非定常系列の区別はしてこなかったので、消費関数を推定する場合は以下の式を推定していました。Y_t が実質民間最終消費支出、X_t が実質 GDP です。

$$Y_t = \alpha + \beta X_t + u_t$$

　5.10（P.169）で推定しており、問題がなさそうに見えます。ただ、非定常系列の場合は「見せかけの相関の可能性」があります。
　定常系列か非定常系列かを見極めるため、単位根検定を行います。

$$X_t - X_{t-1} = \alpha + \rho X_{t-1} + u_t$$

被説明変数のラグを説明変数に加えた拡張されたディッキー・フラーテストが使われる場合も多いですが、Excel で行うので、通常のディッキー・フラーテストを行います。

被説明変数：実質GDPの階差

	係数	標準誤差	t	P-値
切片	19228.505	10613.44	1.8117128	0.0726632
実質GDP1期前	-0.0359958	0.0208101	-1.7297265	0.0863857
重決定 R2	0.025574	F値	2.9919539	
補正 R2	0.0170264	P値（F値）	0.0863857	
観測数	116			

　被説明変数を X の階差、説明変数を X の1期前として回帰分析します。まず、実質 GDP について、係数が有意にゼロかどうかを調べます。帰無仮説は $\rho = 0$ ですが、これをサンプル数100、5%水準で棄却する t 値は -2.90 となります。実際の t 値は -1.73 なので、帰無仮説を棄却できない、つまり $\rho =$ ゼロの可能性があり、単位根を持つ可能性があることを示しています。

　次に実質民間最終消費について調べます。ρ の t 値は -2.20 なので同様に単位根を持つ可能性があります。

　この結果、水準どうしで推計してはよくないことがわかりました。定常化するために階差をとって推定します。その結果は以下の表になります。

　実質 GDP の階差の t 値は有意なので、見せかけの回帰でないことがわかります。これが正しい消費関数の推定法です。

説明変数：実質民間消費支出の階差

	係数	標準誤差	t	P-値
切片	0.4272033	214.02294	0.0019961	0.9984109
実質GDP階差	0.4730416	0.0310025	15.258196	2.603E-29
重決定 R2	0.6712922	F値	232.81254	
補正 R2	0.6684088	P値（F値）	2.603E-29	
観測数	116			

第5章の課題

課題1 ## 為替レートの予測

為替レートを予測してみましょう。為替レートはランダムウォークの可能性があるので、階差をとって推計します。階差をとった系列がAR（1）になるとして推定します。

$$為替レート（階差）= \alpha + \beta \times 為替レート1期前（階差）$$

結果はどのようになったでしょうか。為替レートの予測の難しさがわかる結果だと思います。

課題2 ## 日本の株価は米国の株価に影響を受けているか？

日米の株価はどちらが影響を与えているのか？ グレンジャーの因果関係を使って調べてみましょう。「過去に起こったものが現在に影響する場合、因果関係がある」と考えます。日本の株価が原因か、米国の株価が原因かを調べてみましょう。全て対数階差をとって推計します。

$$日本の株価 = \alpha_1 + \beta_1 \times 米国株価（-1）+ \beta_2 \times 日本の株価（-1）$$

$$米国の株価 = \alpha_2 + \beta_3 \times 米国の株価（-1）+ \beta_4 \times 日本の株価$$
↑時差の関係でこちらは当日

課題3 ## ランダムウォーク系列を作って回帰してみよう

ドリフト付きランダムウォーク系列を2つ自作して、その2つを回帰してみましょう。

第6章

機械学習への道

実は親しみやすい機械学習

 わぁ～、綺麗！ この辺りには、たくさんアヤメが咲いてるね。

 そういえば、一口にアヤメと言っても色んな品種があるらしいぞ。
ヒオウギアヤメ、ブルーフラッグ、ヴァージニカ、など聞いたことがある。

 へー、知らなかった。私には、なかなか区別がつかなそうだなぁ…。
どれも大体、同じに見えちゃう。

 ああ、そういうときは、この魔法の箱を使うといいよ。
この箱で、調べたいアヤメの「花びら」と「がく」の写真を撮るんだ。
アヤメの花はまっすぐ立っている花びらと、垂れ下がっているがくからできている。目立って見えるのは花びらよりもがくだね。

 なんだか謎の箱だね！？ じゃあさっそく、アヤメの写真を撮ってみるよ。
あ、箱から答えが出てきた！ 「ヴァージニカ」って書いてある。
ひえー、不思議だなぁ。

 うん。これが「**機械学習**」の仕組みだよ。

 き、きかいがくしゅう？ どういうこと？

 まず、この箱に、それぞれのアヤメの特徴とアヤメの種類を対応させて学習させるんだ。花びらの幅と長さ、がくの幅と長さと、対応するアヤメの種類を入力する。

ふむふむ。犬に色んな種類があってそれぞれ耳や尻尾に特徴があるように、アヤメの花びらとがくにも、それぞれしっかり特徴があるんだね。
で、そういう特徴を、この不思議な箱に教えてあげるのか。

学習させたら、データに基づいて「**モデル**」を作る。以前にも学んだように、**現実の世界を簡略化したもの**をモデルとよぶんだ（P.91）。
手元のデータで分類をやってみて、うまくいけばモデルが完成ということ。
モデルができたら、それを新しく撮った花にも適用して、分類できるという仕組みだね。

さっき答えが出てきたのも、「この写真のアヤメは、この品種だ」という分類ができたから、なんだね。
そして不思議な箱が、分類して答えを出せるのも、モデルのおかげかぁ。
それで、そのモデルっていうのは、どんな方法で作るの？

色んな方法が考案されているね。
「**サポートベクターマシン**」（P.191）や「**ニューラルネットワーク**」（P.192）など。
あと、回帰分析も機械学習の1つだよ。

ええっ！？　カイキブンセキ…については、最初からずっと学んできたけど、それが機械学習の1つなの？　なんだか、ややこしいよぅ…。

いや、そう難しい話じゃないよ。
データに基づいてモデルを作る、というのは、回帰分析では式の推定でしょ。
モデルができたら分類する、というのは、回帰分析の予測と同じだよ。

おおっ！　確かに。
そう考えると、機械学習っていうものも、割と親しみやすいかも。

そうだね。機械学習は、私たちの生活でも役立ってくれている。
たくさんの手紙の中から迷惑な手紙を探し出したり（スパムメールの検出）、おすすめの商品を選んだり、画像から数字を判別したり、さまざまなことに応用されてるよ。

2つ分かれを辿っていこう、決定木

 おや。あそこに生えているのは**決定木**だね。
あれを使っても、アヤメの分類ができるよ。

 なんか色々書いてあるよ〜！ 変わった木だなぁ。

 どれどれ？
まずは「花びらの長さが 2.5cmより大きいかどうか」で枝が 2 つに分かれてるな。次は「花びらの幅が 1.8cmより大きいかどうか」でまた分かれてるぞ。

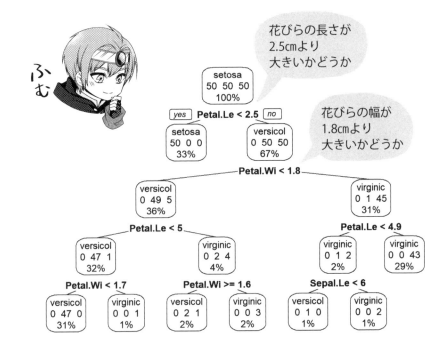

 そうやって辿っていくと、花の種類がわかる仕組みだよ。
これも機械学習の一種だね。

 へえー。どうやって、こういう決定木を作るのかな。

決定木を作るには「2つに分ける」ということがポイントになるよ。
色んな花のデータを、まず、2つに分けることを考える。できるだけ同じ種類の花がグループになるように、大きく2分割するんだ。
分割したら、それぞれについてまた、同じ種類の花がグループになるようにさらに2つに分ける。それを繰り返して、学習が完了したら…新しく撮った花についても、分類できるというわけ。

なるほどー。あっ、見てみて！
あっちの方では決定木がたくさんあって、森になってるよ。

データを変えれば、決定木の形が変わる形があるよね。データをランダムにとって決定木を作り、その平均をとるという考え方だね。
ランダムフォレストというものだよ。

視点を変えよう、カーネルトリック

サポートベクターマシンは、分類するのが得意な機械学習だよ。

分類…。つまり、2つのグループに分けるのが得意なんだな。

カーネルトリックという手法が使われているんだ。今から、わかりやすく説明するね。じゃあホウキに乗って。

──山の上空を飛んで、山の上から下を見下ろす。

○が低地植物で、△が高山植物だよ。
これを分類するのは、結構面倒だよね。

○と△を2つのグループに分けようとすると、△をぐるーっと囲うように、輪のような境界線になっちゃうねぇ。
スパッと一直線で分けられたら、簡単なのになぁ…。

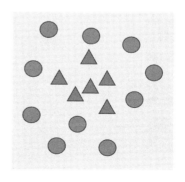

数学的も面倒なんだよね。でも視点を変えれば簡単に分類できるよ。

──山から遠く離れて、横から山を見る。

ほら、横から見ると…
直線1つで分けることができるよ。
これなら分類が簡単でしょ。

なーるほど！
△が高山植物なだけあって、上の方が
△だけになってるね。

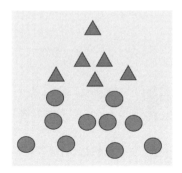

2次元の世界だと分類しにくいけど、高さという3次元の世界だと分けやすいということ。
これがカーネルトリックの仕組みだよ。

特性を寄せ集める、主成分分析

この村の市場には、果物がたくさんあるな。
イチゴ、桃、オレンジ、リンゴ、ブドウ、レモン、スイカなど、何でも揃ってるぞ。

じゃあ、この中で果物の王様はどれだろうね。

果物の王様といえばドリアンだけど、ここは南国じゃないからなぁ。

王様かどうかは別として、私はイチゴが一番好きだな〜。

僕はスイカだね。スイカが一番。

マホナはレモン好きだったよね〜。
ところで、果物の王様を決める魔法ってあるの？

まあ、ないことはないね。PCAという魔法だ。**主成分分析**だね。

 しゅせいぶん、ぶんせき…？

 果物のデータは「重さ、大きさ、甘味、酸味、色、香り、食感」など、さまざまなデータからできてるけど、その1つだけでは王様は決められないよね？
重かったら王様というわけではないし、甘かったら王様というわけでもない。甘味が重要なのは認めるけど、酸味や他の要素も大事だ。

 さすがレモン派。うーん…。どうしたらいいんだろ？
そういう果物の色んな特徴を、いい感じに1つにまとめて比べられたらいいのに…。

 そう。そんなとき、この主成分分析という魔法なら、果物のさまざまな特性を寄せ集めて、主成分を作りだすことができるんだ。やってみるよ。

——それぞれの果物から虹色の玉が飛び出す。玉の大きさはそれぞれ違う。

 うわっ！？　なんだ、この不思議な玉は！

 これがそれぞれの果物の第一主成分だよ。
この玉の大きい順に、果物らしいということになるね。

 えっと、リンゴの虹色の玉が一番大きいかな…？
じゃあリンゴが一番果物らしい果物なんだ！　こんな魔法もあるんだね～。

6.1 回帰分析も機械学習の一部

機械学習は、データを機械に学習させて、なんらかの予測情報を出すものです。データを学習して、誤差をなるべく少なくするように最終**モデル**を作ります。モデルができると別のデータを使って予測することができます。

回帰分析の場合は、被説明変数を説明変数に回帰して推定式を作りますが、機械学習では、データを使ってモデルを作ります。データを使ってモデルを作るという意味では、回帰分析も機械学習の一部です。

回帰分析では、新たな説明変数を回帰式に当てはめることで予測ができますが、機械学習でも、モデルを基に、新しいデータを使って分類したり、予測したりします。基本的な考え方は回帰分析と似ていますので、回帰分析を発展させる形で機械学習の考え方を説明します。

回帰分析では、原因となる変数を**説明変数**とよび、結果となる変数を**被説明変数**とよびました。同じ回帰分析でも分野によってよび方が異なり、被説明変数は、**従属変数、応答変数、目的変数**ともよばれます。従属変数は、説明変数によって従属的に決まるという意味です。応答変数は、予測変数と対になって使われます。

説明変数は、**独立変数、予測変数、特徴量**などとよばれます。予測変数は、予測の目標変数という意味ではなく、「予測するための変数」なので、説明変数と同じ意味になります。

被説明変数が好況と不況、失業と就業といったカテゴリーデータの場合を分類問題とよびます。説明変数を使って、何種類かに分類するものです。被説明変数が連続量の場合は、回帰分析とよびます。

機械学習には、被説明変数がない場合もあります。被説明変数がないというのは、説明変数だけあって被説明変数がないということです。説明変数とそれに対応する被説明変数（教師）がある場合を**教師あり学習**、無い場合を**教師なし学習**とよびます。

被説明変数		説明変数
・従属変数 ・応答変数 ・目的変数		・独立変数 ・予測変数 ・特徴量

6.2 分類（教師あり機械学習）

　教師あり機械学習の重要なものに**分類**があります。回帰分析の質的選択モデルと同じように、データを入力すると1か0かに分類してくれるものです。ロジスティック回帰、決定木、K近傍法（きんぼう）、サポートベクターマシン、ニューラルネットワークなどです。

▼図表　さまざまな機械学習

	手 法	説 明
教師あり学習	回帰分析（最小二乗法）	被説明変数が連続量
	ロジスティック回帰	被説明変数が1か0など
	サポートベクターマシン	マージンを最大化
	K近傍法	近くのデータの多数決
	決定木	同質のもの同士を分類
	ニューラルネットワーク	脳の神経の模倣
教師なし学習	クラスター分析	いくつかのグループに分ける
	主成分分析	多くの変数を少数にまとめる

 ロジスティック回帰

　第3章で説明したロジット（P.106）を使って分類ができます。機械学習でロジットを使う場合はロジスティック回帰（logistic regression）とよびます。

　被説明変数は1か0、説明変数は通常の変数です。

$$Y_i = \frac{1}{1 + e^{-(\alpha + \beta X_i)}}$$

 決定木

決定木（decision tree）は、機械学習の中でも比較的理解しやすいです。回帰分析でいえば、被説明変数が1か0などのカテゴリーに分かれており（3つ以上でも可能）、説明変数がいくつかある場合に使います。説明変数の値を基準に次々と2つに分類することを繰り返します。

2つのグループに分けるための原則は、それぞれのグループの不純度を最小にすることです。グループ内に違う仲間をなるべく少なくするということです。不純度を示すものにはジニ不純度、エントロピー、分類誤差などがあります。不純度が高いグループについては、他の説明変数を使ってさらに2つに分類します。分類法がブラックボックス化してないため、解釈できるところが経済分析に適しています。

例えば、以下の表は、X_1 と X_2 のデータに応じて、○か△かになるというデータです。X_1 が0.2で、X_2 が0.8のときは○、X_1 が0.4で X_2 が0.2なら△です。

こうしたデータがあったとき、どうやって分けると分類がしやすいかと考えます。X_1 で分類するということは垂直の線を境にすること、X_2 で分類するということは水平の線を境にすることです。X_1 が0.6以上と0.6未満とで分けると、0.6以上が全て○になるので、まずはここで分類します。次に、2つに綺麗に分けるには、X_2 が0.7以上か0.7未満かで分ければ綺麗に分けられます。実際には、ぎっしりデータはない場合がほとんどですし、綺麗に分けられない場合もありますが、これが決定木の原理です。

▼図表　決定木の考え方

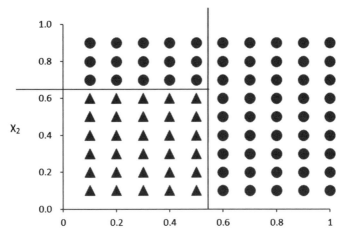

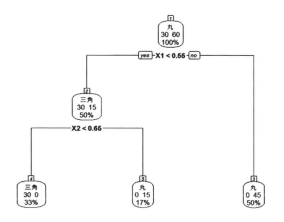

（出所）Rにより筆者作成

K近傍法

　K近傍法（k-nearest neighbor algorithm：k-NN）も、分類に使われる方法です。分類されたデータ（教師データ）があるのが前提です。例えば、野菜、果物、キノコの3つに分類されたデータがあったとします。そこに新たな食べ物が手に入ったとき、これらのうちどれに近いかを調べて、最も近いものに分類するという方法です。

　Kというのは、さまざまな数字を想定しているということで、K＝1なら最も近いデータを調べ、それが野菜なら野菜に分類します。K＝2なら、距離が近いもの2つをとってきて、2つとも果物なら果物に分類します。果物とキノコなら、距離が近いものに分類します。K＝3の場合は距離の近いデータを3つ取ってきます。野菜2つ果物1つだと、多数決で野菜に分類します。

サポートベクターマシン

　サポートベクターマシン（support-vector machine：SVM）は、分類の中でも画像から文字を判断することに優れています。分類の考え方は、2つのグループ間で最も近いデータの距離が、最も遠くなるような境界線を引くことを基本としています。

　2つのグループ間で最も近いデータのことをサポートベクターとよびます。グループごとにサポートベクターがあり、サポートベクターと境界線との距離（マージン）

191

を最大化する方法です。境界線はさまざまに引けますが、そのなかで最も隙間が大きくなるように線を引くという考え方です。

　図の例では○と△に綺麗に分けられていますが、○と△が混じっていて綺麗に分けられない場合もあります。こうしたときは分けられなかったデータを減点しつつ、マージンを最大化するという方法で境界線を引きます。

▼図表　サポートベクターマシンの仕組み

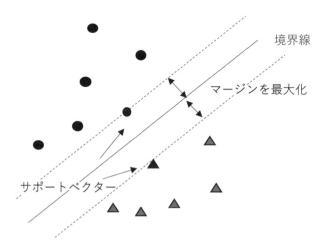

　もう1つの工夫として**カーネルトリック**（kernel trick）があります。2つの要素X_iとY_iを直線などで分類しにくいときは、2つの要素を合わせた別の観点からみた指標を作り、分類しやすくするというものです。例えば、2次元の地図だと等高線は複雑な曲線になりますが、高さという3次元の指標を使うと、分類しやすくなります。

✦⭐ ニューラルネットワーク

　ニューラルネットワークは、人間の脳の仕組みを人工的に作ろうとしたもので、人工ニューラルネットワーク（ANN：Artificial Neural Network）ともよばれます。
　人間の脳はニューロン（neuron）を使って学習しますが、それを人工的に作ったものです。いくつかの入力から出力を導き出します。その意味では重回帰分析に似て

います。説明変数が入力で被説明変数が出力にあたり、入力の重要度（重み）を係数が表しています。実際には入力信号がある閾値に達すると活性化するといった生物に似た仕組みが取り入れられています。

1つのニューロンの仕組みは簡単ですが、人間には約850億個のニューロンが使われており、複雑な処理を行っています。

ANNもそれに倣って、ニューロンを多数利用しています。人間の数までには及びませんが、階層を作ったり、判断にラグを持たせたりして複雑な構造が作られています。

▼図表　ニューラルネットワークの仕組み

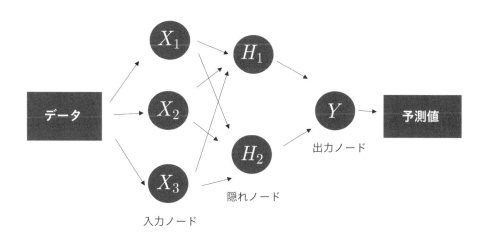

図で説明すると、説明変数が3つあった場合、入力ノードとよばれる X_1、X_2、X_3 にそれぞれ送られます。各ノードではデータに応じて H_1 か H_2 かを判断します。さらに H_1 と H_2 に送られたデータは Y に集まり、出力ノードで最終的な予測値を決めるという手順です。

H_1 と H_2 は入力、出力のどちらにも関係ないので、隠れノードとよばれます。隠れノードは情報を集約して扱いやすくする役割があります。複数の隠れ層を持つニューラルネットワークを**ディープニューラルネットワーク**（DNN: Deep Neural Network）とよび、このネットワークで学習することを**ディープラーニング**（deep learning）、**深層学習**とよびます。

✦☆ ナイーブベイズ

ナイーブベイズ（Naive Bayes）は**ベイズの定理**（Bayes' theorem）を使った分析です。ベイズの定理は以下の式で表されます。データ（例えば「検査結果が陽性かどうか」）と仮説（例えば「病気にかかっている」）の確率を計算し、データが観測できたときの仮説の確率を計算します。$P(A|B)$ とは B が起こったという条件のもとで A が起こる確率を表します。

$$\text{事後確率 } P(A \mid B) = \frac{P(B \mid A)\,P(A)}{P(B)} \quad \frac{\text{尤度} \times \text{事前確率}}{\text{全確率}}$$

- **事後確率** B というデータが観測できたときの仮説 A の確率
- **事前確率** データを入手していないときの仮説 A の確率
- **尤度**（ゆうど） 仮説 A を前提として、B というデータが得られる妥当性
- **全確率** B というデータが観測される確率

▼図表　ベイズの定理の応用例

データ	仮説
「無料」という言葉が入っているメール	迷惑メールである
検査が陽性	病気にかかっている
「好調」という言葉が入っているコメント	景気拡大期の確率

内閣府の『景気ウオッチャー調査』には、タクシーの運転手やスーパーのレジ係など景気に敏感に反応する人たちの言葉が収められています。それらの言葉を分析することで、景気動向を判断することにしましょう。

以下の仮想例を検討します。

10 年（120ヵ月）のデータを用いて分析したところ、景気拡大期が 60ヵ月あった。60ヵ月の景気拡大期のうち、「好調」という言葉が入っている月が 45ヵ月、景気後退期に「好調」という言葉が入っている月が 3ヵ月あった。

今月の調査に、「好調」という言葉が使われていた場合、景気拡大の可能性は何％か？

・景気拡大期の事前確率：全期間のうち景気拡大期の期間
$$60 ／ 120 = 0.5$$
・尤度：景気拡大期を前提として「好調」という言葉が表れる妥当性
$$45 ／ 60 = 0.75$$
・全確率：全期間のうち、「好調」という言葉が入っている確率
$$（45 + 3）／ 120 = 0.4$$

以上の前提から事後確率を求めます。

$$事後確率：0.5 × 0.75 ／ 0.4 = 0.9375$$

　「好調」という言葉が入っていると、94％の確率で景気拡大期だということがわかります。

　上の例から離れ、特別な場合を考えてみましょう。景気拡大期の事前確率がゼロとはどういう場合でしょうか。調査期間が全て景気後退期だった場合です。今月調査で「好調」という言葉が入っていても、景気拡大期がどうかは判断つかないので、事後確率は 0 となります。

　次に尤度がゼロの場合を考えてみます。景気拡大期に「好調」という言葉が使われなかった場合です。今月調査で「好調」という言葉が使われても、事後確率はゼロになります。一方尤度が100％なのは、景気拡大期に必ず「好調」という言葉が入っている場合です。

　全確率は、全サンプル中の「好調」が入っている割合です。「好調」という言葉がひんぱんに使われている場合は事後確率は低く、稀にしか使われていない場合は事後確率が高くなります。

6.3 回帰（教師あり機械学習）

回帰は教師データが連続量になっているもので、考え方は回帰分析と同じです。最小二乗法による回帰分析も、この範疇に入ります。

計量経済学の回帰分析では、経済理論があり、それに基づいてモデルを作るという手順を踏みますが、機械学習での回帰分析は、特に理論は必要ではなく、大量のデータを説明変数として投入して、当てはまりの良いものを選ぶという手続きが異なるところです。

機械学習での回帰のグループで、連続量が扱えるのは、サポートベクターマシンなどです。決定木も回帰木という形で連続値を扱えますが、サンプルが多くないと、結論としての数字が限られることになります。

6.4 アンサンブル予測

さまざまなモデルを組み合わせる、「**アンサンブル予測**」もあります。**バギング**は、データをランダムにいくつかに分けて、それぞれの結果を持ち寄り、多数決で結論をだす方法です。**ブースティング**は、まず分類モデルを作り、新たなデータを加えて、その結果を逐次修正していく方法です。

決定木に関するアンサンブル予測にランダムフォレストがあります。バギングの一種で、ランダムに分けたデータについて、決定木を作り、多数決で結論を出します。決定木をたくさん作るのでフォレスト（森）とよばれています。

6.5　主成分分析

　教師なし学習の代表例が**主成分分析**（Principal Component Analysis：PCA）です。多数の変数を少数の変数にまとめる方法で、総合的な指標を作るときに使います。

　例えば、国語、数学、理科、社会の点数を 1 つにまとめて、総合的な得点の指標を作ることができます。

　変数 X_1 と X_2 から Z という新たな変数（主成分）を作る場合は、下記の式になります。

$$Z = a_1 X_1 + a_2 X_2$$

　X_1 と X_2 に係る係数 a_1 と a_2 は、合成された変数 Z の分散が最も大きくなるように設定します。分散が大きいということは、主成分がさまざまな値をとるということで、特徴をはっきりと表すことになるためです。分散が最大になる組み合わせはいくつも考えられるため、$a_1{}^2 + a_2{}^2 = 1$ という制約を置きます。

　分散の最大化は、行列計算で行います。習っていない人も多いと思いますので、言葉の大まかな意味を理解してもらえばよいと思います。まず、変数どうしの相関係数を総当たりで作った相関係数行列を作ります。分散と共分散を使う場合もありますが、どのような場合でも相関係数を使って問題ないので、相関係数行列を使った場合に限定して説明します。

　この行列について、**固有値**と**固有ベクトル**を求めます。固有値は主成分の分散の大きさを表します。固有ベクトルは固有値に対応して決まります。

　主成分の分散の大きいものから第 1 主成分、第 2 主成分、…とよびます。第 1 主成分は、最も大きい固有値に対応する固有ベクトルを使って作成します。第 2 主成分は 2 番目に大きい固有値とそれに対応する固有ベクトルを使って作成します。Excel では計算できませんが、無料ソフト **gretl** などを使えば計算できます（gretl については、次ページのコラムで解説します）。出力されたデータを読み解くために、用語をわかりやすく説明すると次ページの表になります。

	説 明
固有値	主成分の分散の大きさを表しており、情報量の多さを反映しています。1を超えていると意味があると考えます。
固有ベクトル	主成分を計算する際の各変数のウエート。 各変数との関連性の強さを表します。二乗和が1になる。
因子負荷量 （主成分負荷量）	固有ベクトルと意味は同じ。 因子負荷量 ＝ $\sqrt{固有値}$ × 固有ベクトル。
寄与率	その主成分が元データの情報の何%を反映しているかを表します。大きいほどよい。
累積寄与率	第1主成分から順番に寄与率を加えたもの。
主成分得点	個体について、主成分の強さを表したもの。

　固有値は変数の数だけできますが、1以上であれば意味があります。相関係数行列を使う場合、各変数は標準化されているので各変数の分散は1です。固有値が1以上ということは、元のデータ以上の情報量をもっているということです。

Column

gretl について

　gretl（グレーテル）は、Excel の延長線上で使える計量経済学のソフトウエアです。プログラムを書く必要はありません。米国のアリン・コトレット、ウエイク・フォレスト大学教授と、リカルド "ジャック" ルケッティ、マルケ工科大学教授が開発しました。

　グリム童話「ヘンゼルとグレーテル」のグレーテルから採っており、アイコンはグレーテルになっています。正式な名称は、Gnu Regression, Econometrics and Time-series Library です。「グヌーという OS を使った、回帰分析、計量経済学、時系列分析に関するソフトウエア」ということです。

　gretl の特徴は、何と言っても無料で誰でも使えることですが、計量経済学を学ぶ上で必要な分析手法がほぼ網羅されているのも魅力です。データの入力がもう少し簡単になればいいな、とは思いますが、無料で使えることを考えるとかなり魅力的なソフトウエアです。

6.6 テスト成績を主成分分析にかける

　主成分分析の例として、学生10人の数学、国語、化学、物理、日本史、地理の点数（仮想値）に主成分分析を適用する場合を紹介しましょう。データは以下の通りです。AさんからJさんまで総得点の高い順に並んでいます。

　さまざまな科目の得点をまとめた結果、第一主成分は総合的な実力が反映され、第2主成分は理科系、文科系など科目の特徴を反映した実力が反映されることが予想されます。

▼図表　学生10人の6科目の得点

	数学	国語	化学	物理	日本史	地理	総得点
A	90	90	99	90	87	91	547
B	80	80	89	80	78	80	486
C	90	70	98	90	69	67	483
D	80	60	92	80	62	65	438
E	60	75	69	59	71	76	410
F	70	55	72	66	54	51	369
G	50	65	56	46	68	65	350
H	60	45	65	58	46	44	318
I	30	60	36	26	60	59	272
J	40	30	48	35	30	26	210

　相関係数を科目ごとに計算した相関係数行列は次ページの通りです。数学と化学の相関係数が0.994、数学と物理の相関係数が0.999と高いです。一方、数学と国語、数学と日本史、数学と地理それぞれの相関が低いデータになっています。また、国語と日本史、国語と地理の相関は高いです。

199

▼図表　得点の相関係数行列

	数学	国語	化学	物理	日本史	地理
数学	1.000	0.604	0.994	0.999	0.596	0.598
国語	0.604	1.000	0.618	0.621	0.993	0.992
化学	0.994	0.618	1.000	0.996	0.610	0.621
物理	0.999	0.621	0.996	1.000	0.612	0.619
日本史	0.596	0.993	0.610	0.612	1.000	0.990
地理	0.598	0.992	0.621	0.619	0.990	1.000

gretl で分析した結果は以下のように出力されます。数学が mathematics、国語が Japanese、化学が chemistry、物理が physics、日本史が history、地理が geography です。1つ目の表は相関行列の固有値解析です。主成分は6個あり、それぞれ、固有値、寄与率、累積寄与率が計算されます。

固有ベクトル（主成分負荷量とも書いてありますが、数値は固有ベクトルです）の表では、PC 1 が第一主成分、PC 2 が第2主成分を表します。科目ごとに固有ベクトルが計算されています。

▼図表　主成分分析の推定結果

```
主成分分析
n = 10
相関行列の固有値解析
主成分         固有値      寄与率        累積寄与率
Component  Eigenvalue  Proportion  Cumulative
     1       4.8212      0.8035      0.8035
     2       1.1549      0.1925      0.9960
     3       0.0133      0.0022      0.9982
     4       0.0072      0.0012      0.9994
     5       0.0030      0.0005      0.9999
     6       0.0005      0.0001      1.0000
固有ベクトル（主成分負荷量）
               PC1     PC2     PC3     PC4     PC5     PC6
mathematics   0.406  -0.420  -0.364   0.060  -0.295  -0.660
Japanese      0.409   0.406  -0.235   0.677   0.394   0.008
chemistry     0.410  -0.401   0.460  -0.219   0.639  -0.052
physics       0.411  -0.402  -0.093   0.149  -0.338   0.724
history       0.407   0.414  -0.419  -0.684   0.075   0.121
geography     0.408   0.407   0.646   0.014  -0.478  -0.149
```

（出所）gretl により筆者作成

変数が6個の場合、主成分も6個作成されます。しかし、全ての主成分が重要というわけではありません。

固有値は大きいほど重要

　第1主成分から第6主成分には、それぞれ固有値が対応しています。固有値の大きさは、各主成分が元の情報をどの程度反映しているかを表しています。相関行列を使った場合は、1を超えれば意味があるといえます。この分析では、第1主成分と第2主成分に意味がありそうです。

固有ベクトルは各変数の主成分への影響力

　固有ベクトルは主成分を計算する際のウエートです。各変数（先ほどの例では各科目）の役割をみるのに有効です。ただ、固有ベクトルは、二乗和が1という制約をかけているので、変数が増えると値が小さくなります。

　因子負荷量（主成分負荷量）は、固有ベクトルと比例して動きますが主成分と元のデータとの相関係数を表し、常に -1 から1の間の数値で、特徴を示します。

　また、因子負荷量と固有ベクトルは以下の関係があります。

$$因子負荷量 = \sqrt{固有値} \times 固有ベクトル$$

　各主成分の固有値は同じですから、因子負荷量と固有ベクトルは定数倍の関係にあることがわかります。

　第1主成分の固有ベクトルをみると、それぞれの科目にかかる係数は全て正で、それぞれおよそ0.4になっています。平均点を計算するのとあまり変わらない結果で、総合的な成績を表しているといえます。

　第2主成分の固有ベクトルの結果をみると、国語（0.406）、歴史（0.414）、地理（0.407）の係数は正である一方、数学（-0.420）、化学（-0.401）、物理（-0.402）の係数は負となっています。この主成分が表すのは、文科系の成績を表しているといえます。

✦✪ 主成分得点の結果

次に、以下の式を使って、学生それぞれの第 1 主成分を計算してみましょう。相関行列を使って主成分分析をした場合は、得点（X）ではなく、得点を標準化
$\left(\dfrac{X-平均}{標準偏差}\right)$ したものを代入します。

第 1 主成分 = 0.406 数学 + 0.409 国語 + 0.410 化学 + 0.411 物理 + 0.407 歴史 + 0.408 地理

第 2 主成分は以下の式で計算できます。

第 2 主成分 = －0.420 数学 + 0.406 国語 － 0.401 化学 － 0.402 物理 + 0.414 歴史 + 0.407 地理

結果は以下になります。第 1 主成分は得点の多い順になりますが、第 2 主成分の得点は文科系の科目ができる学生ほど高くなります。

▼図表　主成分得点

主成分得点	A	B	C	D	E	F	G	H	I	J
第1主成分	3.4	2.1	1.9	0.9	0.6	-0.5	-0.7	-1.6	-2.3	-3.8
第2主成分	0.4	0.2	-1.0	-1.0	1.0	-0.8	1.2	-0.9	1.8	-0.9

6.7 クラスター分析

クラスター分析（clustering）も教師なし学習の1つです。データをいくつかのグループ（クラスター）に分ける方法です。教師あり学習では、グループは初めから決まっていますが、クラスター分析は、新たにグループを作り出すという手法です。

大きく分けて非階層分析と階層分析があります。**非階層分析**は、まずリーダーを決めて、その他のデータがどのリーダーに属するかを決めていく方法です。一方、階層分析は、仲の良いどうしでグループを作り、グループ同士でさらにグループを作ってグループを大きくしていくというイメージです。

階層分析は、個々の距離を総当たりで調べるので、データが多いと計算量が膨大になるので、大規模データには非階層分析の方が適しています。

 非階層分析

非階層分析で代表的なものは、**k-means法**です。まず、分けるべきクラスターの数をk個と決めます。次に、データのなかからランダムにk個の中心を選びます。それぞれのデータは、距離が最も短い中心に属するものとします。距離は直線距離であるユークリッド距離を選ぶのが普通です。

仮のクラスターが決まったら、それぞれのクラスターの中心点を求めます。クラスターに属するデータの平均的な位置で「重心」とも呼ばれます。

新たな中心点が決まったら、最も近い中心点のクラスターに属するよう、クラスターを作り直します。

▼図表　クラスター分析（非階層分析）の仕組み

中心点を決める

近い方の中心点と
クラスターを作る

新たにクラスターの
中心点を決める

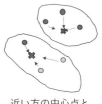
近い方の中心点と
クラスターを作る

階層分析

階層分析は、データの距離を全ての組み合わせで測り、近いものからまとめて行くという方法です。距離の測り方は色々ありますが、直線距離で測るイメージであるユークリッド距離で測るのが基本です。

こうして次々に仲間を作っていきます。クラスターどうしの距離の測り方は、いくつかあります。クラスターどうしで最も短い距離をクラスター間の距離にする場合（**最短距離法**）、反対に最も長い距離をクラスター間の距離にする場合（**最長距離法**）、クラスターの重心どうしを比べる方法（**重心法**）などです。

クラスター間の距離の短いものからまとめていけば、徐々に大きなクラスターができていきます。

▼図表　クラスター分析（階層分析）の仕組み

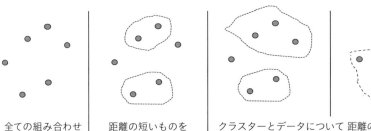

全ての組み合わせ　距離の短いものを　クラスターとデータについて　距離の短いものから
の距離を測る　　　クラスターとする　まとめる　　　　　　　　　　まとめる

第6章の課題

課題1　ロジスティック回帰

　模擬試験の得点と A 大学の合否結果をロジスティック回帰で分析した結果、以下の式が推定できました。Y_i が合格確率、X_i が得点です。

$$Y_i = \frac{1}{1 + e^{-(-14 + 0.21X_i)}}$$

　模試が 70 点だった学生は、A 大学に合格できるでしょうか。出てきた確率が 50 ％以上であれば合格、50 ％未満なら不合格とします。Excel で計算する場合、e^a は、$\exp(a)$ として表されます。

課題2　ベイズによる分析

　ナイーブベイズはベイズの定理を使います。メールの中に「当選」という言葉が入っていたとき、そのメールが迷惑メールである確率を以下の 4 ケースで求めてみて下さい。

事前確率：全メールのうちで迷惑メールの確率

尤度：迷惑メールであるとき、「当選」という言葉が入っていることの妥当性

全確率：全メールのうちで「当選」という言葉が入っている確率

事後確率：「当選」という言葉が入っていたとき、そのメールが迷惑メールである確率

▼図表　迷惑メールの内訳

（単位：通）

		ケース1	ケース2	ケース3	ケース4
メール総数		100	100	100	100
迷惑メール		40	40	30	100
	「当選」入っている	**30**	**30**	**30**	**50**
	「当選」入ってない	**10**	**10**	**0**	**50**
「当選」という単語		50	30	50	100
	迷惑メール	30	30	30	50
	迷惑メールでない	**20**	**0**	**20**	**50**

働く力の作成

都道府県別に「働く力」の指標を作成するため、所定内給与（男子）、昼夜間人口比率、完全失業率を使って主成分分析をしました。

固有値、固有ベクトル、第一主成分の主成分得点は以下の通りです。これらについて解説してください。

▼図表　主成分分析の結果

固有値

主成分	固有値	寄与率
第一主成分	1.2	0.40
第2主成分	0.98	0.33
第3主成分	0.82	0.27

固有ベクトル

	第一主成分
所定内給与	-0.69
昼夜間人口比率	-0.54
完全失業率	0.49

▼図表　主成分得点

	都道府県	第一主成分主成分得点
1	東京都	-5.137
2	愛知県	-1.607
3	大阪府	-1.120
4	三重県	-1.081
5	広島県	-0.899
6	京都府	-0.896
7	富山県	-0.893
8	福井県	-0.803
9	石川県	-0.747
10	長野県	-0.669

（出所）gretl により筆者作成

はわぁ～、今日もたくさん旅して学んだよー。もう眠っちゃいそう。

 ああ、勇者アオイは、もう完全に眠ってるみたいだね。マヌケな寝顔だ。
ところで、さくら。私が最初に「**とある目的があって魔力を持つ者を探してる**」
と言ったのを覚えてる？

 え？ えーっと、そうだった…かも。

 そろそろ、その目的を話しておこうと思ってね。
これは極秘の情報だけど…。最近この国には、**異世界から転移してくる者**が
稀にいるらしいんだ。この世界とは別の世界が在るなんて、実に興味深い。

私は魔力を持つ仲間とともに、その別世界に行ってみたいんだよ。
さすがに、私ひとりの魔力では無理だけどね。

 い、異世界転移！！？ そういう転移って、どうやって起きてるの！？
その転移してきた人は、平凡な人だったりする？？

 ああ。どうやら転移者は、魔法使いなどではないらしい。
その現象を調査している国の役人…**調査官**もいてね。
調査によると、現実逃避や憧れが異世界転移のトリガーになっているそうだ。

207

第 **7** 章

反実仮想の世界

原因と結果を見極めるためには？

 うぅーん……。
（ここは夢じゃなく、異世界だなんて…。
これから一体どうしよう…）

 さくら、何か考えごと？
上の空でぼーっと歩いてると、危ないよ。
最近はスピード違反の馬車もいるからね。

 ええー！ 怖っ！

 だな。暴走馬車による事故は、深刻な問題だ。
そういえば、国もスピード違反を取り締まる法律を考えているらしい。

 ふうん。じゃあ、そのことについて考えてみようか。
世の中は、あるものが原因となり、あるものが結果となって連鎖している。
でも、後からみると、どちらが原因でどちらが結果なのかわからない場合が
あるよね。

 にわとりか、卵か、って感じだね。

 そうだね。また、さまざまなものが連鎖しているので、**原因と結果がはっき
りとしないもの**がある。
例えば、スピード違反を取り締まる法律を作って、死亡率が減ったとしても、
その法律の効果のほどは、わかりにくいよね？
別の要因があるかもしれないからね。御者が飲むワインの量（飲酒運転）が
減ったとか、安全のための革ベルト（シートベルト）をする人が増えたとか。

 うーん、確かに。じゃあ、どうすればいいの？

 答えは簡単。世界を 2 つ作ればいい。「スピード違反を取り締まった世界」と
「取り締まらなかった世界」の 2 つを作って、世の中の変わりぐあいを見る。

そりゃ凄い発想だな！ そんなことできるのか？

「反実仮想^{はんじつ}」という魔法を使えば簡単だよ。

ええぇ～、いくらマホナでも、世界を 2 つ作るなんて…！！？

比べよう、ランダム化比較実験

因果関係を推論する方法は、色々と提案されているよ。
代表的なものは、RCT だね。くじ引きで反実仮想の世界を作る。
例えば「薬が効くかどうか」の効果にはよく使われる。
患者を 2 つのグループにランダムに分けて、1 つのグループには薬を飲み、
もう 1 つのグループは飲まなかった場合に、どのように違いがでるかという
実験だ。

ほんとに世界を 2 つ作るわけじゃないんだ！ 実験なんだね。なーるほど。

うーむ…。でも、法律などの政策効果となると、いつも実験できるわけじゃ
ないよな。そこが難しいところだ。

ねえねえ、くじ引きにしなくても、単純に 2 つの村を比べるのはどう？

人口規模が同じで、経済状況も同じという村があればいいけど。なかなかそ
うはいかないからね。

そっか。くじ引きすることで、そういう特徴を揃えてるんだね。
じゃあ、一体どうすればいいんだろ…？

村それぞれの特徴を、極力なくすような方法が色々と考えられているよ。
「差の差分析」は、村の違いと時点の違いを両方使うことによって政策効果を
見る。「傾向スコアマッチング」は、同じような村を探してペアを作る。
「回帰不連続デザイン」は、偶然政策効果が表れた時点を目ざとく見つけるよ。

偏ってる、セレクション・バイアス

 んん？　あの人たちは何だろう？

　——草原を通ると、狩りの獲物の自慢をしている10人くらいの人々がいた。

 見てくれよ、この大きな鹿。久しぶりにごちそうが食べれるぞ。

 わしのイノシシも楽しみじゃ。鍋にすると美味いぞぉ。

 わあ〜。盛り上がってる声が、こっちにまで聞こえてくるよ。
今日の狩りは、随分調子が良かったみたいだねぇ。

 ふむ。それにしても、この村の人たちは体格がいいなぁ。
みんな身長が僕よりも高いぞ。腕の筋肉もすごい。

 そうだねぇ。
この前行った村では、こんなに大きな人はあまりいなかったよ。

 ……。いや、**セレクション・バイアス**かもしれない。

 せれくしょんばいあす？　えっと、セレクションは「選択」とか「選び出す」
という意味だよね。それが偏ってるってこと？

 うん。この村の人々から、ランダムに人を選んで身長を見るならわかるけど、
今回は狩りから帰ってきた人ばかりだよね。
もともと体格がいい人が集まっている可能性もある。

 なるほどね。でも、そんなもんかなぁ…。

　——村の広場に行くと、小さい人や痩せてる人など、色々な体格の人がいる。

 ほらね、あれはたまたま選ばれた人だったんだ。

むぐぐ。マホナの言った通りで、なんか悔しいなぁ。
あっ！ あの出店に、魚がたくさん売ってるぞ。この村の魚は大きいね。

 それもセレクション・バイアスかもしれない。

 またそれかよー。なんでもバイアスがかかってるんだな。

 網の目が粗いと、小さな魚は逃げてしまうからね。ほんとは小さい魚もいる
かもしれないんだ。だけど、捕れないので売ってない。

 あれま！ そこの魔法使いのお嬢さん、正解だよ。
この村の網は粗いのが特徴で、大きい魚しかとれないんだ。

 ちえっ。いつの間にか僕も、偏った考え方をしてるってことかぁ…。
………………………。

 （？？ 勇者アオイ、急に遠い目をして、考えごとかな…？）

 ……確かに僕は、偏った考えかもしれない。
でも、やっぱり、いつか捕えないと…。

 （なんか小声でブツブツ言ってる…。捕えるって、狩りの獲物のこと？
さっきの狩りの人たちが羨ましかったとか？ そういえば弓矢が得意だし…）

 ……。さくら。アオイ。さあ次に行くよー。

差を2回とる、差の差分析

 お〜！ この村のトマトは立派だね。
どの株も、赤い実がたくさん！
何か秘訣でもあるのかなぁ。
ちょっと話を聞いてくるね。

──村人に話を聞く。

 じゃーん、聞いてきたよ。なんと「新魔法」が導入されたおかげだって！
昨年は 1000 個しかトマトができなかったのに、今年は 1500 個だよ！

 魔法…？ 本当にそうかな。一般人がそんなに新魔法が使えるものかな。

 マホナぁ〜。人を信用することも大事だよ〜。

 こういうときは、新魔法が導入されていない村と比較するのが大事だね。
ちょっと別の村の様子を見に行こう。

──新魔法が導入されていない村に飛んでいく。

 ね、こっちの村も結構トマトが実ってるよね。ちょっと話を聞いてくる。
あのぉ〜、この村は魔法は使ってないですよね？

 そんなの使えないよ。ただ、今年は天気が良くてね、大収穫だ。
去年は 500 個だったのに、今年はなんと 1000 個！ 有難いことだよ。

 ん？ えっと…新魔法を導入した村の、去年と今年の収穫量の差は 500 個。
この村の収穫量の差も 500 個。これって…？

 その差はゼロだね。やっぱり新魔法の効果じゃなかった。
昨年と今年の収穫量の差をとって、新魔法を導入した村と導入しなかった村
との差をとって比較したんだ。差を 2 回とるので、**差の差分析**というんだよ。

第1章でもお話したように、**相関係数**は2つの変数の関係の強さを表すものです。しかし、どちらの変数が原因でどちらの変数が結果なのかはわかりません。2つの変数が同じ方向に動いたとしても、まったくの偶然の可能性があります。そのほか、第3の要因が関係している場合や、逆の因果関係の場合もあります。

 ## 第3の要因が関係している場合

　第3の要因が関係している場合を説明しましょう。ここでは、原因にも結果にも与える第3の変数があることを**交絡**（confounding）とよび、その変数を交絡変数（confounding variable）または**交絡因子**（confounding factor、confounder）とよびます。

　グラフは、2020年の男性の体重と年収（大学卒）を年齢別に表したものです。相関係数は0.89と高く、体重が少ない場合の年収は低く、体重が多い場合の年収は低いという関係があるのは確かです。

　しかし、「体重を増やせば年収が上がる」と考えるのは誤っています。体重が原因で年収が結果であるわけではないからです。

　これには年齢という第3の要因がかかわっています。年をとると年収が増えますが、同時に体重も増えていくということを表しているに過ぎないのです。体重と年収に因果関係はないので、体重を増やしても年収は増えません。

▼図表　体重と年収

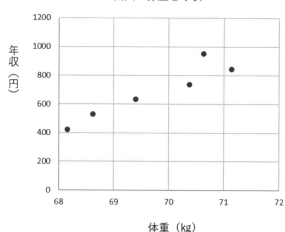

（出所）
スポーツ庁「体力運動能力調査」
厚生労働省「賃金構造基本調査」
2020年のデータ。
25歳から54歳までの
5歳刻みのデータ。

✦☆ 逆の因果関係

逆の因果関係の例もあります。中室・津川（2017）では、逆の因果関係の例として、警察官の数と犯罪発生件数を挙げています。警察官の数と犯罪発生件数には正の相関があります。警察官の数が多い地域の犯罪発生件数が多いということです。警察官が多いことが原因で、犯罪の発生件数が多いという結果を引き起こしたと考えるよりも、犯罪が多い危険な地域だから、警察官を多く配置していると考えるのが自然でしょう。

他のデータで確かめてみましょう。次のグラフは、各都道府県の2020年の消防職員数と出火件数を表したものです。消防職員数が多い都道府県は、出火件数も多いことがわかります。1つだけ離れている点は東京都です。それを含めても、2つのデータは相関していることがわかります。相関係数は0.99です。

このデータから、「消防職員数を増やしたら、火事が増える」と結論づけるには無理があるでしょう。消防職員数が原因、出火件数が結果ではないからです。火事が多い地域には消防職員数を多く配置しているというのが事実でしょう。

▼ 図表　出火件数と消防職員数

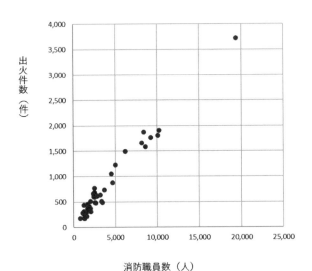

（出所）総務省「都道府県・市区町村のすがた（社会・人口統計体系）」

このように、相関係数では因果関係はわかりません。回帰分析でも同じことが言えます。被説明変数と説明変数に関係があることはわかりますが、説明変数が原因で被説明変数が結果であることは明らかになりません。

経済学で回帰分析を使う場合は、まず、理論モデルを作り因果関係が明らかなことを踏まえて、実証分析として回帰分析をすることが基本になりますが、因果関係を証明しているわけではありません。

第5章では、「グレンジャーの因果関係」について説明しました。これは、前に起こったものが後に起こったものの原因となると考えたものです。本来の因果関係を分析したわけではないので、「グレンジャーの」という但し書きがついています。

因果推論に使う言葉

因果関係は、相関係数や回帰分析ではわからないので、**因果推論**という分野で、因果関係を特定するさまざまな方法が考案されています。政策効果でいえば、ある政策（原因）が何らかの変化（結果）をもたらしたがどうかを検証するものです。

因果関係の定義は、「Xを変化させたときにYが変化すればXとYの間に因果関係がある」というものです。原因を示す変数を**原因変数**、結果を示す変数を**結果変数**または**アウトカム**とよびます。原因変数を操作して変化させることを**介入**や**処置**とよびます。政策効果を測る場合は政策の実施ということです。

医学では、薬の効果をみる場合、薬を与えたグループを**介入群**または**処置群**、薬を与えなかったグループを**対照群**とよんで比較します。政策効果の場合でも同様に、政策を実施したグループを介入群、政策が実施されなかったグループを対照群とよびます。

前述したように、原因変数と結果変数に影響を与える変数を交絡変数とよびます。類似の概念に**共変量**があります。共変量は、分野によって意味が変わります。原因と結果の変数以外の全ての変数を指し、交絡因子よりも広い概念だと考える場合もあれば、結果に影響を与える変数という意味で、回帰分析の説明変数と同じように使われる場合もあります。本書では共変量という言葉は使わず、説明変数という言葉を使います。

第4章で述べたように、経済学では**脱落変数（除外変数、欠落変数）**という概念もあります。結果に与える変数のうち、説明変数に加えなかったもの、または観測できないので加えることができなかったものという意味です。係数の推定に大きな影響があります。

▼図表　因果推論の言葉

因果推論の言葉	説　明
原因変数	変化させる変数。介入変数ともいう。 回帰分析の説明変数にあたる。
結果変数	原因変数が変化した時に変化する変数。 回帰分析の被説明変数にあたる。
交絡因子	原因変数、結果変数両方に影響を与える変数。
共変量	原因変数以外で、結果変数に影響する変数。原因変数と結果変数以外の変数全てという意味でも使われる。
脱落変数	共変量のうち、説明変数として採用されていないか、観測できないもの。除外変数、欠落変数ともいう。
介入群、処置群	原因変数を変化させたグループ。
対照群	原因変数を変化させなかったグループ。

7.3　政策効果の測り方

　政策に効果があったかどうかは、政策を行った場合と行わなかった場合の指標の違いを比べればわかります。例えば、少子化対策の効果は、少子化対策を行った場合と行わなかった場合の合計特殊出生率の差をみればわかります。

　問題は、政策が実際に行われると、政策が無かった場合のデータは入手できないということです。「政策が行われなかったらどうなるか」という反実仮想の世界が必要となります。

　もっとも望ましいのが RCT という方法です。薬の効果をみるために使われます。政策効果を測るという意味では、地方自治体をランダムに 2 つに分け、一方には政策を行い、もう一方には政策を行わなければ実験できます。

　しかし自治体の場合そうした実験は難しいです。比較する自治体グループの要素を政策を実施する自治体と実施しない自治体をランダムに分けることは難しいです。政策効果の有無以外の要因がグループ間の差に入ってきます。サンプルがランダムに選ばれていない場合に起こる結果の偏りを **セレクション・バイアス（選択バイアス）** とよびます。因果推論では、セレクション・バイアスを軽減する方法がさまざまに考案されています。

▼図表　政策効果の測り方

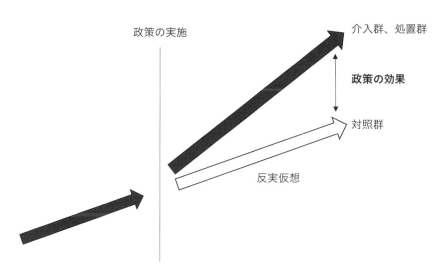

7.4 ロジックモデル

政策評価分野で独自の発展を遂げたものに、**ロジックモデル**があります。ロジックモデルとは、予算の投入から最終成果までの論理的な構造を指します。**証拠に基づく政策立案**（Evidence Based Policy Making: EBPM）を実現する手段として注目されています。

ロジックモデルの起源は、1960年代後半に米国国際開発庁（USAID）が開発したロジカル・フレームワークにあるとされます。**ケロッグ財団**「ロジックモデル策定ガイド」に詳しく載っています。

ロジックモデルは、政策立案から社会への影響までの波及経路を記述するものです。**インプット**から**アウトカム**までの一連の流れを論理的に構成していきます。インプットとは政策を実施するために投入される資源を指します。**アクティビティ**は実際の活動、**アウトプット**はその直接的な結果、アウトカムはその成果です。

▼図表　ロジックモデルの構成

職業訓練をロジックモデルに当てはめた場合、職業訓練の研修の企画やコンテンツ作成のために投じた予算がインプット、訓練の実施がアクティビティです。アウトプットは、訓練を受けた人数になります。アウトカムは、中間的アウトカムと最終的アウトカムに分けて考えることができます。職業訓練によって就職する人が増えることがアウトカムの1つです。しかし、さらに社会全体への影響も考えられます。最終的には雇用のミスマッチがなくなり、失業者の少ない社会の実現がアウトカムになります。

次ページの表は、教育、公衆衛生、環境保護、就労支援、食糧援助、公共施設。アートワークショップ、人権啓発、メンタルヘルスなどの分野についてロジックモデルの流れを示したものです。

▼図表　ロジックモデルの具体例

プログラム	インプット	アクティビティ	アウトプット	アウトカム
教育	教師 教科書 教室	授業 宿題	授業数 出席者数	学習成果の改善 退学者の減少
公衆衛生	医療従事者 ワクチン 広報資料	予防接種 プログラム 健康啓発 キャンペーン	接種者数 啓発活動 参加者数	感染症発生率の 低下 住民の健康状態 の改善
環境保護	ボランティア 苗木	再植林 プロジェクト	植えた苗木の数	地域の生態系の 保全
就労支援	研修資料	研修	研修を受けた 人数	就職率の向上 求職者の スキル向上
食糧援助	食糧供給 ボランティア 配送手段	食糧パッケージ の準備 配送 受け取りの確認	配布された食糧 パッケージの数 受取人の数	飢餓の減少 低所得世帯の 食糧保障の改善
公共施設	建設労働者 建材 設計図	建設 検査 施設の開放	完成した建物 施設使用者数	地域社会の 生活質の向上 公共サービスの 利便性向上
アートワーク ショップ	芸術家 美術品 展示場	美術クラス 作品展示	開催したクラス の数 生徒が作成した 作品の数	参加者の創造性 と技術の向上 地元の芸術 コミュニティの 活性化
人権啓発	人権専門家 研修資料 会議室	ワークショップ やセミナーの 開催	参加した人数 開催した セミナーの数	社会の意識向上、 人権侵害の削減
メンタルヘルス	心理カウンセラー 教育資料 トレーニング スペース	カウンセリング セッション 心理教育ワーク ショップ	参加者数 開催した セッションの数	参加者のメンタ ルヘルスの改善 自己認識と理解 の向上

7.5 RCT（ランダム化比較実験）

　政策効果を行った場合と行わなかった場合を実験によって試すことができる場合、**ランダム化比較実験**（**RCT**：Randomized Controlled Trial）という方法が採られます。

　この方法は医学では一般的なものです。まず、母集団を2つにわけます。くじ引きなどを使ってランダムに分けることが重要です。1つのグループ（介入群）には投薬を実施し、もう1つのグループ（対照群）には偽薬を渡し、2つのグループの改善率に差が出るかどうかを測ります。改善率に差がでると、薬に効果があったことが検証できます。

　政策効果の場合も考え方は同じです。例として、葉山町の例を挙げてみましょう。葉山町では、ゴミの不法投棄が問題になっていました。それを改善する方法として、ゴミ置き場に看板を置くことと、チラシを各世帯に配ることが提案されました。2つの政策に効果があるかどうかを、ランダム化比較実験で行いました。葉山町の地区をくじ引きで3つに分け、何もしない地区、看板を置く地区、チラシを配る地区としました。その結果、看板を置くことには長期的な効果があり、チラシは短期的には大きな効果があることがわかりました。そこで、全てのゴミ置き場に看板を置き、チラシは必要に応じて配布するという体制をとったのです。ランダム化比較実験は壮大な社会実験なのでコストはかかりますが、最も信頼できるやり方です。

▼図表　RTCの具体例

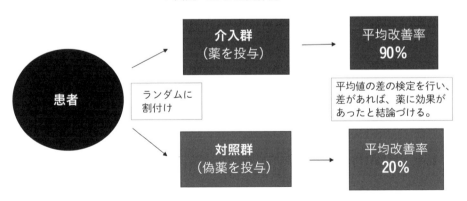

　仮想データを使って、RCTの方法を具体的に示してみます。A町で、ゴミ収集が終了した看板を置くことにより、不法投棄がどのくらい減るのかを調べてみること

にしました。ゴミ収集場は20ヵ所あり、看板を置いた場合と何もしなかった場合の
それぞれの不法投棄率を調べたのが以下の結果です。

看板の効果はあったかどうかを平均値の差の検定で調べてみます。看板を置いた
場合の不法投棄率が19.8%、看板を置かなかった場合の不法投棄率が23.2%となり
ました。Excelの「分析ツール」を使って、平均値の差の検定を行いました。「分散
が等しくないと仮定した2標本による検定」を行うと、t値は-5.8となり、5%水準
で有意に差があることがわかります。

▼図表　対策があった場合となかった場合の不法投棄率

対策があった場合となかった場合

	対策あり	対策なし
1	20	24
2	20	24
3	21	23
4	20	21
5	20	23
6	21	25
7	22	22
8	19	23
9	18	23
10	17	24
平均	19.8	23.2

▼図表　不法投棄率（平均）の差の検定

t-検定: 分散が等しくないと仮定した2標本による検定		
	対策あり	対策なし
平均	19.8	23.2
分散	2.177777778	1.288888889
観測数	10	10
仮説平均との差異	0	
自由度	17	
t	-5.774612874	
P(T<=t) 片側	1.1216E-05	
t 境界値 片側	1.739606726	
P(T<=t) 両側	2.24321E-05	
t 境界値 両側	2.109815578	

7.6 差の差分析

　実験が難しい場合、さまざまな統計から政策効果を把握する方法があります。差の差（Difference-in-Differences：DiD）分析とよばれるものです。DD分析ともよびます。例えば、政策を実施した自治体と実施しなかった自治体のデータがあり、それぞれのデータが入手できる場合です。2つの自治体グループに違いがあれば政策に効果があったと考えます。

　ここで注意すべき点は、2つのグループ両方に影響を与える変数の存在です。例えば日本全体の景気動向などです。A県とB県について考えてみましょう。A県には政策を実施しましたが、B県は実施しなかったとします。政策を実施したA県は①の分だけ効果があったとします。しかし、これが全て政策効果かどうかはわかりません。政策を実施しなかったB県も②だけ増えています。この部分は政策とは関係ないはずです。①－②が政策効果だと考えられます。

　政策実施前後のデータの差をとり、その差についてA県とB県の差をとると政策効果がわかります。2回差をとるので差の差分析とよばれます。

▼図表　差の差分析

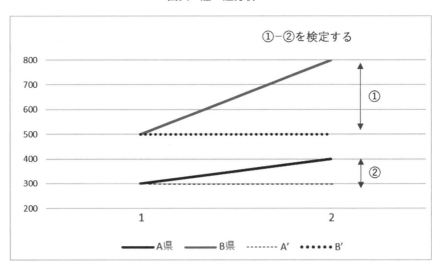

まん延防止等重点措置と各県の県内総生産（都道府県のGDPに当たるもの）との関係について考えてみましょう。まん延防止等重点措置により人流が抑えられて県内総生産が減る部分もあるかもしれませんが、政策を実施しなくても日本全体の景気が悪くなっていて、県内総生産が減ったかもしれません。政策だけの効果をみるには、政策を実施した自治体の県内総生産の動きの差と、政策を実施しなかった自治体の県内総生産の動きの差を比べる必要があります。それぞれの差について差を比較します。

C県とD県のまん延防止等重点措置のデータの仮想例です。C県はまん延防止等重点措置を行い、県内総生産は100億円減っています。このデータだけみると、政策効果はマイナス100億円のように見えます。一方で、政策を行わなかったD県でも県内総生産が50億円減っています。D県特有の減少理由がない場合、日本全体で県内総生産が減少傾向にあったと推測できます。この減少分を差し引いた50億円がまん延防止等重点措置による政策効果だと考えます。

▼図表　まん延防止等重点措置の効果（仮想値）

		(1)実施前	(2)実施後	差(2)-(1)
(3)C県	まん延等防止措置実施	500	400	-100
(4)D県	まん延等防止措置実施せず	300	250	-50
差(3)-(4)		200	150	-50

7.7 平均値の差の検定

　差の差の分析についてもう1つの仮想例です。少子対策を実施したAからJまで10個の自治体の例です。どの自治体も人口や経済規模は同じと仮定し、合計特殊出生率が単純に平均できるとします。人口や経済規模が違う場合は、比較するものを揃えるため、傾向スコアマッチングなどの操作が必要になります。

▼図表　少子化対策前後の合計特殊出生率（仮想値）

	政策前	政策後	差
A	1.31	1.36	0.050
B	1.19	1.24	0.050
C	1.45	1.46	0.010
D	1.23	1.56	0.330
E	1.35	1.32	−0.030
F	1.51	1.75	0.240
G	1.44	1.52	0.080
H	1.23	1.28	0.050
I	1.74	1.76	0.020
J	1.12	1.34	0.220
平均	1.36	1.46	0.102

　政策前が1.36で政策後が1.46なので、合計特殊出生率は0.1上がっています。これが統計的に有意かどうかを調べてみましょう。帰無仮説は「政策実施前後で合計特殊出生率の差はない」です。Excelデータ分析の「対応のある場合の平均値の差の検定」で検定できます。帰無仮説を平均値＝ゼロとすると、t値が計算されて出力されます。有意水準5％での棄却水準も計算されます。対立仮説を「差はゼロより大きい」とすると片側検定になり、棄却水準は1.8となります。t値は−2.7なので、「政策前後の差はゼロ」という帰無仮説が棄却できることがわかります。

t-検定: 一対の標本による平均の検定ツール

	政策前	政策後
平均	1.357	1.459
分散	0.034	0.035
観測数	10	10
ピアソン相関	0.795498978	
仮説平均との差異	0	
自由度	9	
t	-2.724335479	
P(T<=t) 片側	0.011720433	
t 境界値 片側	1.833112933	
P(T<=t) 両側	0.023440866	
t 境界値 両側	2.262157163	

図表 ▶
政策前後の
平均値の差の検定

　政策前後で合計特殊出生率を比較したので、政策効果があったと結論づけてもよさそうですが、因果関係の分析としては不十分です。もしかしたら、政策以外の要因で合計特殊出生率が上昇したかもしれないからです。

　政策効果をはっきりさせるには、政策を導入しなかった自治体との比較が必要です。その結果が以下のような結果だとします。

　少子化対策を導入しなかった自治体に関しても、同じ期間でデータが取れたとします。これをみると、期間1では1.36、期間2では1.38と合計特殊出生率が少し上昇していることがわかります。

▼図表　少子化対策前後の合計特殊出生率（仮想値）

少子化対策導入

	政策前	政策後	差
	期間1	期間2	
A	1.31	1.36	0.050
B	1.19	1.24	0.050
C	1.45	1.46	0.010
D	1.23	1.56	0.330
E	1.35	1.32	-0.030
F	1.51	1.75	0.240
G	1.44	1.52	0.080
H	1.23	1.28	0.050
I	1.74	1.76	0.020
J	1.12	1.34	0.220
平均	1.36	1.46	0.10

少子化対策導入せず

	期間1	期間2	差
H	1.32	1.34	0.020
I	1.20	1.19	-0.010
J	1.34	1.36	0.020
K	1.54	1.56	0.020
L	1.23	1.22	-0.010
M	1.80	1.80	0.000
N	1.45	1.48	0.030
O	1.20	1.24	0.040
P	1.23	1.24	0.010
Q	1.29	1.34	0.050
平均	1.36	1.38	0.02

問題は、少子化対策を導入した自治体とそうでない自治体の結果変数が、統計的に有意に差があるかどうかです。

　それを調べるために、Excel の分析ツール「t 検定：2 標本の分散が等しくないと仮定した平均値の差の検定」を使います。少子化対策を実施した自治体と実施しなかった自治体について、母分散が異なると想定しました。

▼図表　平均値の差の検定

t-検定: 分散が等しくないと仮定した 2 標本による検定

	差	差
平均	0.102	0.017
分散	0.014017778	0.000401111
観測数	10	10
仮説平均との差	0	
自由度	10	
t	2.238479019	
P(T<=t) 片側	0.024565424	
t 境界値 片側	1.812461123	
P(T<=t) 両側	0.049130849	
t 境界値 両側	2.228138852	

　結果をみると、t 値は 2.24 です。片側検定で 5 ％水準の棄却水準は 1.81 なので、「政策導入自治体と政策を導入しなかった自治体の差はない」という帰無仮説が棄却され、政策効果があったことが統計的に実証されました。

回帰分析によっても、条件がそろえば因果関係の分析ができます。職業訓練が年収に影響を与えるかどうかを検証してみます。以下のデータは、年収と年齢、就学年数を表した仮想データです。1番から5番の人は職業訓練を受け、6番から10番の人は職業訓練を受けなかったと想定しています。

職業訓練の効果が年収に影響を与えたかどうかを知るには、年収を被説明変数、職業訓練ダミー（職業訓練を受けた＝1，受けなかった＝0）を説明変数にした回帰分析が考えられます。職業訓練を受けた場合は、ダミー変数の係数である β の値分年収が上がると考えるわけです。

▼図表　職業訓練が賃金に与える影響（仮想値）

	年収	訓練	年齢	就学年数
1	512	1	25	16
2	539	1	30	14
3	611	1	35	16
4	471	1	25	12
5	470	1	25	12
6	409	0	25	16
7	440	0	30	14
8	511	0	35	16
9	679	0	50	18
10	679	0	50	18
職業訓練を受けた人の平均	521		28	14
職業訓練を受けなかった人の平均	544		38	16

年収 ＝ 定数項 ＋ β ×職業訓練ダミー

▼図表　職業訓練の回帰分析

被説明変数：年収				
	係数	標準誤差	t	P-値
切片	543.7215	44.76833288	12.14523	1.956E-06
訓練	-23.1506	63.31198352	-0.36566	0.72409931
重決定 R2	0.016439	F値	0.133706	
補正 R2	-0.10651	P値（F値）	0.724099	
観測数	10			

229

最小二乗法で推定すると、β は −23.2 となります。職業訓練を受けると年収が 23 万 2000 円下がるという結果になりました。1 番から 5 番の人の平均年収が 521 万円、6 番から 10 番の人の年収が 544 万円なので、確かに職業訓練を受けなかったグループの年収の方が高いです。

　しかし、データをよく見ると、グループ間で属性がかなり違います。研修を受けた処置群の平均年齢は若く、研修を受けなかった対照群の平均年齢は高くなっています。同じ母集団からランダムに選ばれたサンプルなら、年齢や就学年数の平均は同じくらいになるはずです。処置群と対照群のデータがランダムに選ばれておらず、サンプルにセレクション・バイアスがあることがわかります。

　回帰分析でこの問題を解決するには、説明変数の追加が考えられます。年収は研修成果のほか、年齢や就学年数とも関係しているので、その影響をコントロールしないと、研修の純粋な効果がわかりません。

　そこで以下の式を推定します。

$$年収 = 定数項 + \beta_1 \times 職業訓練ダミー + \beta_2 \times 年齢 + \beta_3 \times 就学年数$$

　以下の表が Excel による回帰分析の結果です。説明変数に年齢と就学年数を加えたことで職業訓練ダミー変数の係数が大きく変わりました。この式の β_1 が示しているのは、もし年齢や就学年数が同じだとしたら、職業訓練の影響でどのくらい年収が上がるかです。これを見ると、β_1 は 100.7 万円なので、研修で年収が 100 万円上がることがわかります。

▼図表　職業訓練が賃金に与える効果

被説明変数：年収			
	係数	標準誤差	t	P-値
切片	-0.14012	3.031956852	-0.04621	0.9646391
訓練	100.6568	0.74162024	135.7255	1.0789E-11
年齢	9.961167	0.04986687	199.7552	1.062E-12
就学年数	10.08154	0.236152516	42.69081	1.1055E-08
重決定 R2	0.999936	F値	31162.31	
補正 R2	0.999904	P値（F値）	5.78E-13	
観測数	10			

操作変数法も因果関係の分析によく使われる方法です。回帰分析の例では、年収は就学年数と年齢、職業訓練で決まるものと考えていました。本節では、年収と就学年数の関係に注目します。就学年数が長いと年収が増えるのは、教育に効果があることを物語っていますが、教育だけが原因なのではなく、持って生まれた個人の能力も年収に影響を与えるかもしれません。

そこで、年収に影響を与えるものを、就学年数と個人の能力とします。しかし、年収と就学年数は調べられますが、個人の能力を測るのは難しいです。もし、個人の能力が就学年数と相関がある場合、年収を就学年数だけで回帰すると脱落変数バイアスが生じてしまいます。

この問題を解決するのが操作変数法です。個人の能力が就学年数へ向かう影響を断ち切って、就学年数が年収に与える効果を正確に把握しようという方法です。

操作変数で、説明変数を推定し、その推定値を使って被説明変数を推定します。これがうまくいくためには、操作変数と説明変数である就学年数が相関していると同時に、操作変数と個人の能力には相関がないことが必要になります。

過去の研究では、大学までの距離を操作変数として使った例があります。大学が近ければ就学年数が長くなる可能性がある一方で、大学までの距離と個人の能力とは関係ないためです。

▼図表　操作変数の仕組み

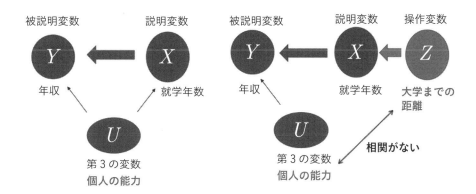

本節では、仮想データを作成して具体例を示します。本人の能力は 100 から 109 まで、大学までの距離は 1 から 5 まででランダムです。就学年数は、

$$本人の能力 + 大学までの距離 \times 2$$

で作成しました。本人の能力は年収、就学年数とある程度相関しており、本人の能力と大学までの距離は無相関です。

　年収は、就学年数 × 30 ＋ 本人の能力 × 3 ＋ 正規乱数（平均ゼロ、標準偏差 1）で作成しました。

　年収を被説明変数、就学年数と本人の能力を説明変数として表すと以下の結果になります。

　もし、本人の能力が計測できていたとしたら、以下の結果になるはずです。これが望ましい推定です。

▼図表　年収と就学年数（仮想値）

被説明変数：年収

	係数	標準誤差	t	P-値
切片	-3.35021	4.020467	-0.83329	0.432192
就学年数	30.51125	0.37174	82.07676	1.05E-11
本人の能力	2.969807	0.052172	56.92312	1.35E-10
重決定 R2	0.999793	F値	16894.68	
補正 R2	0.999734	P値（F値）	1.28E-13	
観測数	10			

　サンプル数は 10、自由度修正済み決定係数は 0.99…です。就学年数にかかる係数は 30.5 になりました。

　しかし、現実には本人の能力は入手できないので、就学年数だけを回帰して推定したとします。

▼図表　年収に就学年数のみを回帰

被説明変数：年収

	係数	標準誤差	t	P-値
切片	137.9212	63.72615	2.16428	0.062372
就学年数	45.58873	5.254972	8.675351	2.43E-05
重決定 R2	0.903917	F値	75.26172	
補正 R2	0.891907	P値（F値）	2.43E-05	
観測数	10			

　自由度修正済み決定係数は 0.89 です。t 値は 5％水準で有意ですが、係数は 45.6 となり、望ましい推定による係数 30.5 と大きく異なっています。

　次に操作変数法を使って推定します。就学年数を被説明変数、大学までの距離を説明変数として、就学年数の推定値を計算します。次に、被説明変数を年収、就学年数の推定値を説明変数として推定します。その係数は、30.5 と真の係数に近いことがわかります。

▼図表　操作変数法による年収の推定

被説明変数：年収

	係数	標準誤差	t	P-値
切片	320.3587	261.8884	1.223264	0.256037
就学年数（推定値）	30.51125	21.62006	1.411247	0.195858
重決定 R2	0.199329	F値	1.991619	
補正 R2	0.099245	P値（F値）	0.195858	
観測数	10			

7.10 震災の復興需要（パネルデータ）

パネルデータは、時系列データとクロスセクションデータが両方あるデータです。政策を実施した自治体とそうでない自治体が両方含まれていれば政策効果が把握できます。

今回の例は東日本大震災の影響についてです。被災3県のうち、宮城県の復興需要がどの程度あるのかを測定しました。東日本大震災では、岩手県、宮城県、福島県が大きく被害を受けましたが、震源から離れた地域では、被害が小さかったです。この違いを使って、復興需要の大きさを計算することができます。

まず、震災前に宮城県と県内総生産の動きが似ていた都道府県を探します。2006年度から2009年度までの相関係数を調べて高いものを選びました。宮城県と高知県の相関が高かったので、高知県のデータを使って、宮城県のデータを推定しました。

$$宮城県 = \alpha + \beta \times 高知県$$

推計結果は以下の通りです。サンプル数は4しかないですし、高知県1県だけで回帰するのではなく、いくつかの県を合成するなどした方がよいと思いますが、手法を理解する例として考えてください。

▼図表　宮城県を高知県に回帰

被説明変数：宮城県				
	係数	標準誤差	t	P-値
切片	-3979767	1152390.63	-3.45349	0.074587
高知県	5.287944	0.51110381	10.34613	0.009213
重決定 R2	0.981658	F値	107.0423	
補正 R2	0.972488	P値（F値）	0.009213	
観測数	4			

震災後、宮城県の県内総生産は大きく落ち込みましたが、その後復興需要が発生しました。高知県はその影響を受けていません。そこで、震災がなかった場合のデータ（ベースライン）を高知県の動きを使って推計することによって、復興需要の大きさをベースラインと宮城県の差として測ることが可能になります。

▼図表　復興需要の推定

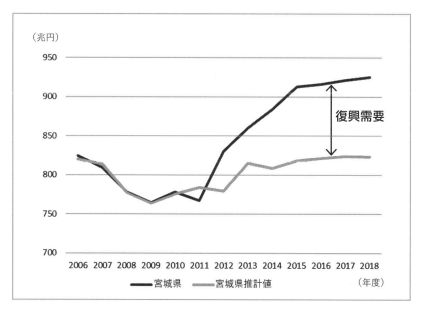

　回帰不連続デザイン（Regression Discontinuity Design：RDD）は、政策が実行された日の前後で、変数に非連続的な変化が起こることを利用して、政策の効果を測るものです。

　あるA高校の学力増進効果を測る例で説明します。A高校の入試の合格最低点が300点だとします。B君は合格最低点でA高校に入りました。一方、C君は299点で別の高校に行ったとします。

　299点をとったC君と300点をとったB君の実力は似たようなものでしょう。その後別々の高校で過ごすわけですが、この2人の大学入試時の成績をみることでA高校に学力増進効果があったかどうかがわかります。C君の大学入試時の成績がB君とあまり変わらなければ、A高校に学力増進効果がないことになります。一方、成績に差があればA高校で学ぶ効果があるということになります。

　こうした不連続な場所を見つけて効果を測るのが回帰不連続デザインです。図表では、A高校で学力増進効果があった場合の例を描いています。高校入試時には実力が変わらなかったけれど、大学入試時には差がついた例です。定数項の変化分がA高校の学力増進効果になります。

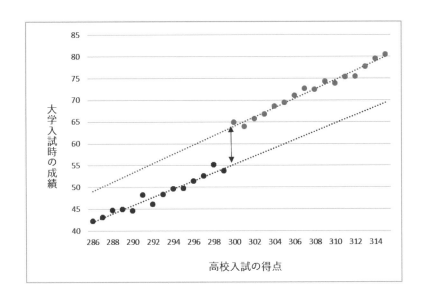

次に回帰不連続デザインの類似の分析として、**回帰屈折デザイン**（Regression Kink Design：RKD）を説明します。新型コロナウイルス感染拡大期の初期、緊急事態宣言が人出にどの程度影響を与えたかを見てみましょう。東京都に関しては、緊急事態宣言の発令は以下の日程でした。

2020 年 4 月 7 日に緊急事態宣言発令
2020 年 5 月 25 日に解除

2 月 15 日から 5 月 25 日までの期間について新規感染者の動きを見てみます。緊急事態宣言前後では、新規感染者数の数が上昇傾向から下降傾向に代わっていることがわかります。このことから緊急事態宣言には、新規感染者の抑制に効果があったと言えそうです。このように、ある時点の前後で、水準は変わるのではなく傾きが変わるものを回帰屈折デザインまたは**回帰ねじれデザイン**とよびます。

▼ 図表　新規感染者数の推移

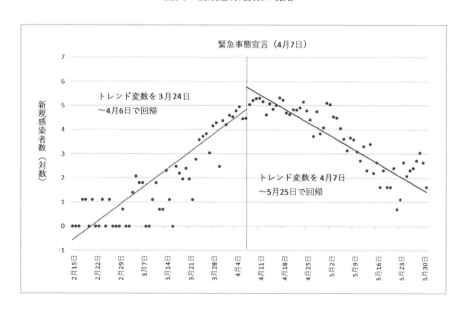

7.12 傾向スコアマッチング

傾向スコア（Propensity Score：PS）**マッチング**は、似たタイプの変数をペアにして政策実施など介入に効果があったかどうかを見る方法です。

政策効果の影響を調べたい場合、ランダム化比較実験では、政策を実施した介入群と政策を実施しない対照群の2つにランダムに分け、その結果を比べるという手法をとります。しかし、現実には政策実施の可否をランダムに割りつけることは不可能です。そこで、既存のデータで、ランダムに抽出したと同様の効果を得ようというのが傾向スコアマッチングの手法です。

次の表は、職業訓練の政策効果を測るための仮想データです。本章の回帰分析で使ったデータと同じです。1番から5番の人は訓練を受け、6番から10番までの人は訓練を受けなかったと想定しています。

職業訓練を受けたグループと職業訓練を受けなかったグループそれぞれの平均年収をみると、職業訓練を受けたグループの平均年収が521万円に対し、職業訓練を受けなかったグループの平均年収が544万円で、職業訓練を受けなかったグループの年収の方が高くなっています。しかし、職業訓練に意味がないと結論付けるのは早計です。

▼図表　職業訓練の年収に与える影響（仮想値）

	年収	訓練	年齢	就学年数	傾向スコア
1	512	1	25	16	0.54
2	539	1	30	14	0.70
3	611	1	35	16	0.31
4	471	1	25	12	0.92
5	470	1	25	12	0.92
6	409	0	25	16	0.54
7	440	0	30	14	0.70
8	511	0	35	16	0.31
9	679	0	50	18	0.04
10	679	0	50	18	0.04
職業訓練を受けた人の平均	521		28	14	
職業訓練を受けなかった人の平均	544		38	16	

年収は、年齢とともに上がる傾向があり、就学年数も長い方が高収入の傾向があります。年齢や就学年数を考慮せずに年収だけを比べても意味がありません。政策効果をみるには、同じ条件の人を比べる必要があります。

　実は、このデータの1番から3番までと6番から8番までの人はそれぞれ年齢、就学年数が同じです。1番から3番までの年収の平均は、554万円に対して、6番から8番まで年収の平均は453万円なので、約100万円職業訓練を受けた人の年収が高いことがわかります。このように似た人を見つけてきて対応させるのが傾向スコアマッチングの考え方です。

　このデータでは、たまたま同じ属性の人がいたので、比べやすかったわけですが、大量のデータがあり、説明変数もさまざまある場合は、職業訓練を受ける傾向の強さを点数化（傾向スコア）して、属性の類似度を測ります。

　傾向スコアの作り方を簡単に説明します。職業訓練を受けた場合を1、受けなかった場合をゼロとするカテゴリー変数を被説明変数、年齢と就学年数を説明変数として、ロジットで回帰分析すると、年齢と就学年数から職業訓練を受ける傾向の強さが推定できます。年齢が低いほど、就学年数が少ないほど職業訓練を受ける傾向が強いことがわかります。

　この式をもとに傾向スコアが計算できます。Excel では計算できませんが、計算結果は先ほどの表に載せました。gretl で計算したものです。1番と6番は0.54で同じ、2番と7番（0.70）、3番と8番（0.31）も同じなのでそれぞれのペアとします。現実には傾向スコアがぴったり合うことは稀なので、多少の幅を持たせてマッチングしていくことになります。

　ペアができたら、平均値の差の検定を使って、訓練を受けた人と受けなかった人の収入が有意に違うかどうかが検定できます。Excel の分析ツールで、平均値の差の検定のうち「一対の標本による検定」を行いました。その結果が次ページの表です。帰無仮説は「研修を受けても年収に差がない」です。対立仮説を「研修を受けると年収が上がる」とすると、片側検定を行うことになります。t 値は97.2で5%水準の棄却域は2.9なので、「研修を受けても年収に差がない」という帰無仮説は棄却されます。

▼図表　平均値の差の検定

t-検定: 一対の標本による平均の検定ツール		
	訓練	訓練受けない
平均	553.8075232	453.3478199
分散	2619.709074	2693.643416
観測数	3	3
ピアソン相関	0.999493104	
仮説平均との差異	0	
自由度	2	
t	97.15633856	
P(T<=t) 片側	5.29613E-05	
t 境界値 片側	2.91998558	
P(T<=t) 両側	0.000105923	
t 境界値 両側	4.30265273	

第7章の課題

英語のテストと研修の効果（RCT）

A社、B社とも英語のテストを導入することにし、5月と7月に試験をすることにしました。

A社では希望者には6月に英語研修受けてもらうことにしました。研修の前後で点数を調べると以下の表になりました。研修に効果があったと言えるでしょうか？

B社では、ランダムに2つのグループに分け、その前後で英語の点数を調べました。1つのグループは研修を受け、もう1つのグループには研修を受けませんでした。研修に効果があったと言えるでしょうか？

▼図表　研修前後の英語の得点（仮想値）

A社

5月試験	7月試験
75	77
84	85
49	88
96	72
60	94
82	96
48	93
98	90
95	90
99	95
平均点　78.6	88.0

B社

研修受ける

5月試験	7月試験
72	90
81	98
64	70
68	79
66	93
62	71
65	70
99	97
75	98
43	66
平均点　69.5	83.2

研修受けない

5月試験	7月試験
37	95
49	81
93	75
69	95
43	54
92	76
89	92
51	81
91	83
86	80
平均点　70	81.2

少子化対策（傾向スコアマッチング）

　自治体が行った少子化対策の効果を見るための課題です。1〜20までの自治体について、合計特殊出生率などを使って、少子化緩和指標が測れたものとします。指標が高いほど、少子化緩和効果が高いとします。ただし、自治体1〜10は少子化対策を実施し、自治体1〜20までは少子化対策を実施しなかったとします。傾向スコアは、人口や経済構造などから測ったもので、少子化対策の実施傾向が似ていることを示します。

　これらのデータから少子化対策は効果があったと判断できるでしょうか。傾向スコアマッチングの手法を使って分析して下さい。

▼図表　少子化対策と少子化緩和指標（仮想値）

少子化対策実施自治体

自治体	少子化緩和指標	傾向スコア
1	17	4
2	1	1
3	2	3
4	15	8
5	13	9
6	14	7
7	7	6
8	8	10
9	3	2
10	6	5
平均	8.6	

少子化対策をしなかった自治体

自治体	少子化緩和指標	傾向スコア
11	14	4
12	12	7
13	12	8
14	11	9
15	6	10
16	11	11
17	5	6
18	4	5
19	13	13
20	10	12
平均	9.8	

　操作変数法の例で使った就学年数と年収の関係について、Excel の「分析ツール」を使って実際に推定してみて下さい。

（1）現実には不可能な、個人の能力のデータが入手できた場合の推定

$$年収 = \alpha + \beta_1 \times 就学年数 + \beta_2 \times 個人の能力$$

（2）操作変数を使った1段階目の推定

$$就学年数 = \alpha + \beta \times 大学までの距離$$

（3）操作変数を使った2段階目の推定

$$年収 = \alpha + \beta \times 就学年数の推定値$$

学習内容はこれで終わりです
お疲れさまでした！

さて。計量経済学の魔法についての話は、ひとまずおしまい。
どう？ 魔法のこと思い出した？

 ……あの……。旅の仲間の2人に、言わなきゃいけないことがあるんだ。
私、本当は……魔法使いじゃないの。コスプレ衣装を作って、別の世界から
転移してきただけなんだ。
でも、とても楽しかったし、元の世界に戻る方法もわからないし、これから
もみんなで一緒に旅を続けたいなぁって…。ど、どうかな？

 やっぱりね。

 ！！ 気づいてたの！？

 うん、途中からね。旅を続けるのは、私は構わないけど。
でも……勇者アオイは無理そうだね。そもそも、勇者じゃないし。
私たちを密かに観察してた。ホントは「調査官」でしょ。

 ……ふっふっふ。そうか、バレていたか。
そして、さくらよ。ついに自白したな。異世界からの転移者め！

 ！！？ え、えっと、勇者アオイは、本当は調査官さんだったの？？
転移現象を調査してる、国の役人…だっけ。
聞き取り調査とかなら、もちろん素直に協力しますね。

 問答無用。転移者は、この国に害をなすもの。
捕えて、監禁して、拷問するしかあるまいッ！

 そんな！そういう扱いなの！？？ ひぇ～～っ！！！

 やれやれ。こうなったら仕方ないね。
まずはコイツを魔法で眠らせて、と。

ぐっ、この魔女め。むにゃむにゃ、ぐーぐー…。

ねえ、さくら。
私なら、さくらを元の世界に戻してあげられるよ。どうする？

えっ！帰れるなら帰りたいけど…。でも、そんなの出来るの？
マホナひとりの魔力では無理って言ってたよね？

うん。私がそちらの世界に行くのは、まだ難しい。
でも、さくらを元に戻すだけなら、できそうだ。

じゃあ……心の準備はいい？

いつかきっと
私の方の世界に
来てくれるよね！

あっ、あのね マホナ
マホナみたいに凄い人なら

私 衣装作りが得意だから
マホナに似合う
現代っぽい服を作ってあげる

マホナって
なんでも似合いそ〜！

それでね それでねっ

ぱ ち っ…

……あっ
ここって私の部屋…

きゃー!!

もう
試験の朝!!?

でも せっかく
色々教えて
もらったし

テストも
頑張らなきゃ

…またいつか
会えるよね
マホナ

Fin

Excel の使い方

付録
appendix

★ Excel「分析ツール」の有効化

本書では、「**分析ツール**」を使います。「**分析ツール**」は表示されていないので、有効にする必要があります。以下のように設定すると使えるようになります。

＜設定＞

設定するには、以下の手順に沿って下さい。一度分析ツールを使えるようにすれば、それ以降、この手順は必要ありません。

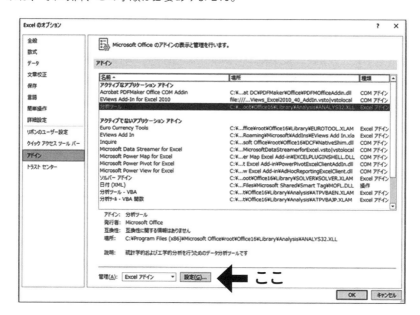

・ 「ファイル」→「オプション」→「アドイン」
・ 一番下「管理：Excel アドイン」→ 設定をクリック
・ 「分析ツール」にチェック

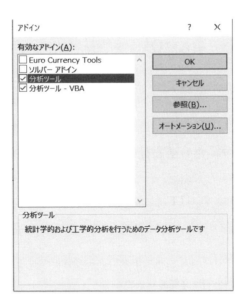

<使用するとき>

　上記は有効化する手順でした。「分析ツール」を実際に使う場合、「データ」タブから使います。

　　　　・「データ」→「データ分析」→「分析ツール」

★ ヒストグラム

　分析ツールを使います。「ヒストグラム」を選びます。まず、入力範囲にデータの範囲を入力します。先頭に変数名を入れている場合は、ラベルにチェックをします。

　次に、どのような刻みでヒストグラムを作るかを決めます。100点満点の得点を集計する場合、5点刻みか10点刻みかを決めるということです。10点刻みであれば、0から10、20、30…と100までの数値を入力し、それを「データ区間」とします。

　出力結果は表の形で出てきます。「データ区間」の値はその区間の上限の値が表示されます。「頻度」はそのデータ区間内にあるデータの数を表します。下の表では、90点より大きく100点以下の学生が16人いたということを示します。「次の級」は100点より大きいデータの個数を表します。

データ区間	頻度
10	0
20	0
30	0
40	0
50	1
60	7
70	22
80	28
90	28
100	16
次の級	0

★ 基本統計量

分析ツールの「基本統計量」を使います。入力範囲に、データの範囲を入力します。先頭を変数名にする場合は、「先頭行をラベルとして使用」にチェックを入れます。「統計情報」には必ずチェックを入れる必要がありますので、注意をしてください。

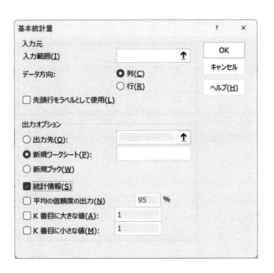

出力結果は以下のように表示されます。

得点	
平均	77.79412
標準誤差	1.206767
中央値 （メジアン）	79
最頻値 （モード）	71
標準偏差	12.18775
分散	148.5414
尖度	-0.67751
歪度	-0.13545
範囲	53
最小	47
最大	100
合計	7935
データの個数	102

★ 散布図

グラフとして描きます。

「挿入」→「グラフ」→「散布図」を使います。データを最初に指定しますが、表側の部分は指定せず、データ列 2 列のみを指定します。

この2つだけ指定

	数学	英語
A	100	95
B	98	90
C	95	88
D	87	89
E	85	84
F	78	78
G	75	78
H	65	70
I	70	69
J	63	68
K	62	64
L	76	63
M	54	62
N	54	59
O	60	58

近似曲線の書式設定 ∨ ✕

近似曲線のオプション ∨

◇ ⬠ 📊

∨ 近似曲線のオプション

○ 指数近似(X)

● 線形近似(L)

○ 対数近似(O)

○ 多項式近似(P)　次数(D)

○ 累乗近似(W)

○ 移動平均(M)　区間(E)

近似曲線名

● 自動(A)　　　線形 (英語)

○ ユーザー設定(C)

予測

前方補外(F)　　0.0

後方補外(B)　　0.0

□ 切片(S)　　0.0

☑ グラフに数式を表示する(E)

☑ グラフに R-2 乗値を表示する(R)

散布図を使うと簡易的に回帰分析ができます。グラフ上でデータをクリックした後、右クリックします。

「近似曲線の追加」を選び、線形近似を選び、「グラフに数式を表示する」、「グラフに R-2 乗値を表示する」をチェックします。

★ 相関係数

相関係数の関数名は CORREL です。= CORREL（データ 1, データ 2）で、相関係数が計算できます。

また、分析ツールを使うと、複数のデータのそれぞれの組み合わせの相関係数を出力してくれます。

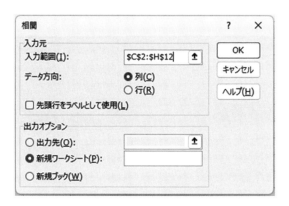

	mathematics	Japanese	chemistry	physics	history	geography
mathematics	1.00					
Japanese	0.60	1.00				
chemistry	0.99	0.62	1.00			
physics	1.00	0.62	1.00	1.00		
history	0.60	0.99	0.61	0.61	1.00	
geography	0.60	0.99	0.62	0.62	0.99	1.00

★ 回帰分析

分析ツールを使います。「回帰分析」を選びます。

被説明変数と説明変数を指定すれば、結果が出力されます。データの先頭に変数名を入れ、「ラベル」にチェックを入れておくと、変数にそれぞれ名前がついて便利です。

例えば、消費関数を推計してみましょう。以下のようなデータです。実際には 2021 年度まであります。

年度	GDP	CP
1994	447,936.90	250,795.70
1995	462,177.30	256,869.20
1996	475,806.10	263,038.00
1997	475,217.30	260,139.60
1998	470,507.40	260,945.60

以下の式を推定します。

$$実質民間最終消費支出 = \alpha + \beta \times 実質\,GDP$$

「入力 Y の範囲」に実質民間最終消費のデータ、「入力 X の範囲」に実質 GDP の
データを入力します。

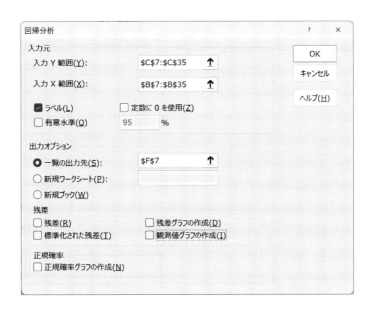

結果は次ページのように表示されます。これらの詳しい数値の検討は第 2 章で
行います。この表は以下の式を推定したということが最も重要です。

$$実質民間最終消費支出 = 30530.94 + 0.497064 \times 実質\,GDP$$

255

概要							
回帰統計							
重相関 R	0.941195						
重決定 R2	0.885848						
補正 R2	0.881458						
標準誤差	5407.858						
観測数	28						

分散分析表

	自由度	変動	分散	測された分散	有意 F		
回帰	1	5.9E+09	5.9E+09	201.7668	9.16E-14		
残差	26	7.6E+08	29244927				
合計	27	6.66E+09					

	係数	標準誤差	t	P-値	下限 95%	上限 95%	下限 95.0%	上限 95.0%
切片	30530.94	17830.68	1.71227	0.098751	-6120.55	67182.42	-6120.55	67182.42
GDP	0.497064	0.034993	14.20446	9.16E-14	0.425134	0.568994	0.425134	0.568994

★ 回帰分析の応用

　次ページのように、「分析ツール」の回帰分析のメニューに、「残差」を指定する場所があります。残差をチェックすると、理論値と残差のデータが出力されます。

　「残差グラフの作成」では、横軸に被説明変数、縦軸に残差をとった散布図が作成されます。「観測値グラフの作成」では、横軸に被説明変数、縦軸に説明変数をとった散布図が、実績値と理論値について作成されます。

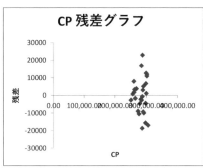
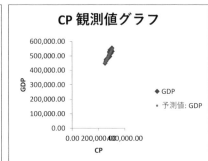

★ 平均値の差の検定

平均値の差の検定には3種類あります。いずれもt検定です。

（1）一対の標本による平均の検定

（2）等分散を仮定した2標本による検定

（3）分散が等しくないと仮定した2標本による検定——です。

一対の標本による平均の検定は、研修前後など対応するデータがある場合に使います。

2つの標本の分散が等しいかどうかは、標本の性格によります。同じような母集団からの標本なら分散が等しいと仮定し、異なる母集団からの標本の場合は、分散が異なると仮定します。業種別賃金の違いを見る場合は、母集団は同じと考えて等分散を仮定します。世代別賃金を見る場合は、世代によって分散が変わると考えれば、分散は等しくないと仮定することになります。どちらにするか迷う場合は分散が等しくないと仮定した場合を使うとよいです。

Excelでの操作画面や結果の画面は似ているので、等分散を仮定した2標本による検定で説明します。

257

2つのデータは変数1の入力範囲、変数2の入力範囲に入れます。仮説平均との差異は、差があるかどうかを調べる場合はゼロかどうかの検定なので、何も入力する必要はないです。a は信頼区間で 0.05（5%）があらかじめ入っており、このままでよいです。

t-検定: 等分散を仮定した2標本による検定

	対策あり	対策なし
平均	19.8	23.2
分散	2.18	1.29
観測数	10	10
プールされた分散	1.73	
仮説平均との差異	0	
自由度	18	
t	-5.774612874	
P(T<=t) 片側	8.96961E-06	
t 境界値 片側	1.734063607	
P(T<=t) 両側	1.79392E-05	
t 境界値 両側	2.10092204	

結果は、2つのデータの平均値に関しての平均値や分散が計算されます。帰無仮説は「差がない」で、対立仮説は「差がゼロ以外」の場合は、両側検定です。

「$P(T<=t)$ 両側」は、P 値で0%に近くなっています。「t 境界値両側」は、5％水準で検定したときの有意になるかどうかの境目で、2.1ですが、t 値は−5.7なので、絶対値が2.1より大きく、帰無仮説が棄却できることを示しています。

★ 正規乱数の発生法

誤差項は、平均ゼロ、標準偏差一定で正規分布することを仮定しています。誤差項を発生させることで、さまざまな実験ができますので、その方法を紹介します。使うのは RAND 関数と NORM.INV 関数です。

RAND（） は0〜1までの間で乱数を発生させます。

NORM.INV（累積確率密度、平均、標準偏差）は 正規分布の逆関数です。平均と標準偏差、累積確率密度（0〜1）を指定すると、その値（Z 値）を返します。

累積密度関数のところに RAND 関数を使い、平均ゼロ、標準偏差1を入力すると、正規分布するさまざまな値を返します。

NORM.INV（RAND(),0,1）

これを応用して AR のデータやランダムウォークのデータを作成することができます。

★ Excel の関数

本書では Excel の関数を使っています。平均は AVERAGE（）という関数ですが、実際に使うときは、セルに = average（）と打ち込み、カッコ内に計算したいデータのセルの範囲を指定します。

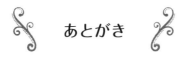

あとがき

　この書籍発行の目的の1つは、計量経済学の統計手法を広く社会に広めるためです。科学研究補助金（課題番号19K01680「統計改革を反映したGDP予測―ビッグデータを利用したナウキャスティング」）の補助を受けています。また、みずほリサーチ&テクノロジーズの松浦大将上席主任エコノミストには原稿のチェックでお世話になりました。記して謝意を表します。

参考文献

▼計量経済学
　最小二乗法の基本的な計算法や応用例は、以下の本を参考にしてください。
- ・『実戦計量経済学入門』山澤成康 著、日本評論社（2004）
- ・『計量経済学15講』小巻泰之・山澤成康 共著、新世社（2018）

▼機械学習
　機械学習については、以下の本がわかりやすいです。
- ・『Rによる機械学習 第3版』Brett Lanz 著、株式会社クイープ 訳、翔泳社（2021）
- ・『Rによるやさしいテキストマイニング：機械学習編』小林雄一郎 著、オーム社（2017）

▼因果推論
　因果推論については、以下の本を参考にしてください。
- ・『原因と結果の経済学』中室牧子・津川友介 共著、ダイヤモンド社（2017）
- ・『効果検証入門 正しい比較のための因果推論／計量経済学の基礎』
  安井翔太 著、株式会社ホクソエム 監修、技術評論社（2020）
- ・『計量経済学の第一歩 ― 実証分析のススメ（有斐閣ストゥディア）』
  田中隆一 著、有斐閣（2015）

▼gretlを使うには
　主成分分析ではgretlというソフトウエアを紹介しましたが、詳しい使い方については以下の本を参考にしてください。
- ・『やさしい計量経済学 プログラミングなしで身につける実証分析』
  加藤久和 著、オーム社（2019）

索 引

261

263

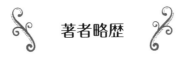

著者略歴

山澤 成康（やまさわ なりやす）
跡見学園女子大学マネジメント学部教授

◆学歴
2017年3月　埼玉大学大学院人文社会科学研究科博士後期課程修了。
　　　　　　博士（経済学）
1987年3月　京都大学経済学部卒業

◆職歴
2018年4月 –　跡見学園女子大学マネジメント学部教授
2016年4月 – 2018年3月　内閣府経済社会総合研究所上席主任研究官
2016年4月 – 2018年3月　総務省統計委員会担当室長
2009年4月 – 2016年3月　跡見学園女子大学マネジメント学部教授
2002年4月 – 2009年3月　跡見学園女子大学マネジメント学部助教授
1997年4月 – 2002年3月　日本経済研究センター研究員
1987年4月 – 1997年2月　日本経済新聞社データバンク局（現電子メディア局）
　　　　　　　　　　　　　経済情報部

◆主な著書
『統計　危機と改革』共著，日本経済新聞出版（2020）

『計量経済学15講』共著，新世社（2018）

『ディズニーで学ぶ経済学』単著，学文社（2018）

『逆転の日本力』共著，イースト・プレス（2012）

『新しい経済予測論』単著，日本評論社（2011）

『実戦計量経済学入門』単著，日本評論社（2004）

◆ 漫画イラスト：園太デイ

◆ 本文デザイン：オフィス sawa

回帰分析から学ぶ計量経済学
—Excel で読み解く経済のしくみ—

2023 年 11 月 24 日　　　第 1 版第 1 刷発行

著　　者　山澤成康
発行者　村上和夫
発行所　株式会社オーム社
　　　　　郵便番号　101-8460
　　　　　東京都千代田区神田錦町 3-1
　　　　　電話　03(3233)0641(代表)
　　　　　URL　https://www.ohmsha.co.jp/

© 山澤成康 2023

組版　オフィス sawa　　　印刷・製本　三美印刷
ISBN978-4-274-23125-4　Printed in Japan

本書の感想募集　https://www.ohmsha.co.jp/kansou/
本書をお読みになった感想を上記サイトまでお寄せください。
お寄せいただいた方には、抽選でプレゼントを差し上げます。